园林植物

刘荣凤 编著

景观设计与应用

中国电力出版社

CHINA ELECTRIC POWER PRESS

植物景观设计是现代园林规划设计的主体部分，在园林景观设计中占有举足轻重的地位。本书首先阐述了园林植物的作用、观赏特征，影响植物生长的环境因子，园林植物景观设计的原理、程序和表达方式。然后结合实际运用，详细说明了几个具有借鉴意义的成功范例，有利于读者全面掌握园林植物景观设计的理论体系和设计方法。全书内容丰富、图文并茂，有很好的参考价值，适合相关专业的学生、教师、园林景观设计师、环境设计师和研究人员使用。

图书在版编目（CIP）数据

园林植物景观设计与应用 / 刘荣凤编著 . —北京：中国电力出版社，2009.1（2019.9重印）
ISBN 978-7-5083-7404-8/01

Ⅰ. 园…　Ⅱ. 刘…　Ⅲ. 园林植物—景观—园林设计　Ⅳ. TU986.2

中国版本图书馆 CIP 数据核字（2008）第 077256 号

出版发行：中国电力出版社
地　　址：北京市东城区北京站西街 19 号（邮政编码 100005）
网　　址：http://www.cepp.sgcc.com.cn
责任编辑：王　倩　（010-63412607）
责任校对：王海南
书籍设计：锋尚设计
责任印制：杨晓东

印　　刷：北京盛通印刷股份有限公司
版　　次：2009 年 1 月第一版
印　　次：2019 年 9 月第一版第七次印刷
开　　本：787 毫米 ×1092 毫米　16 开本
印　　张：15.75
字　　数：406 千字
定　　价：68.00 元

前　言

　　植物景观设计是现代园林规划设计的主体部分，在园林景观中占有举足轻重的地位。植物景观设计贯穿于整个园林规划设计过程，但重点表现在园林规划成型以后，与园林设施设计同步进行，依据园林规划中每个场景的不同定位和不同要求而设计不同的植物群体景观，使之在满足不同的功能需求和审美需求的同时尽量生态化，营造回归自然的绿色景观。

　　植物景观设计从古至今都是在对大自然的不断探索过程中形成和发展的。无论是法国的规则式修剪园林，还是英国的乡村风景式自然园林，抑或是日本禅意释放的精神园林，还是中国古典咫尺间见自然山水的浓缩园林，无不源自对自然界植物景观的不同阐释。通过对大自然中各种植物及其所组成的植物群落形态与形成机制的了解，最终获得植物景观设计的源泉。人们在游览世界各地著名的自然山河时，往往会被各种鬼斧神工的大自然景观所震慑，这些震撼人类心灵深处的奇妙景观多数源于自然界中的植物资源，或者与之有丝丝相扣的关联。大自然的植物群落类型大致有：密林、纯林、疏林草地、荒原孤木、灌木丛林、高原草甸、草原、湿地植物群落，这些植物群落就是我们城市环境中植物景观设计的原形。

　　随着城市的不断成长，城市环境日趋恶化，但是由于城市的运作机制又使得人们不可能经常跑到郊外去享受大自然，而只能在城市中寻求一方绿肺。而城市环境的污染使得城市中的许多植物难以存活，这给城市绿化的发展带来很大困难。由于种种条件的限制，给我们在城市环境里实现自然界中的植物群落景观效果带来了很多困扰。但我们在力求改善植物种植环境的同时通过植物育种改良争取植物自身的适应性，从而使城市中自然的植物景观成为可能。通过向自然学习，我们学会了将城市环境中的植物景观在适应城市功能的需求下尽量回归自然状态。经过归纳整理，城市的植物景观有如下几大类：背景丛林、可进入式林地、纯林（或林荫广场）、疏林草地、灌木配景、草本植物群植、湿地植物配置景观。通过各种植物的搭配形成封闭肃穆的、半闭合（一面或多面依靠多面或一面开敞）的、视线上封闭下通透的、视线全方位开敞通透的各种空间；加之不同色彩、质感、形态的艺术搭配造就出不是自然胜似自然的人工植物环境景观。

由于植物景观设计是从构思到图纸最后通过施工来实现人们心中景致的一个过程。因此，从程序来看应该分三个步骤，包括设计构思、图纸表现、施工技法。鉴于任何一种思想都从其形成理论出发，所以本书在编写过程中还增加了植物景观设计理论基础，最后结合实际范例来加以阐述。这就有利于初学者知悉植物景观设计的理论体系并了解设计的过程，同时对于已经具有一定植物景观设计能力的读者来说，也会给予其更加清晰的概念和设计思路。

本书的图片来源广泛，有作者和朋友拍摄的，有从各类书刊收集的，很多平立面结构示意图是作者与学生一起精心绘制的，全书图文并茂，内容丰富，适用于相关专业的学生、教师、园林景观设计师、环境设计师及研究人员。

尽管如此，本书在跨时三年的写作过程中，由于时间的不连贯而不得不时断时续，难免造成书中有些文字表述不准确或图片解说不完整等问题。在此向各位读者表示歉意。

刘荣凤

目录
CONTENTS

第一章

概述

第一节　自然界中的植物景观

自然界的植物景观并非以单个面貌呈现，而是以植物群落的整体面貌展现。植物群落是指具有一定的结构、一定的种类组成和一定的种间相互关系，并在环境条件相似的不同地段可以重复出现的植物群体面貌。自然界中不同的地理地貌为不同的植物群落景观的产生提供了大环境，而小环境的补充为同种植物群落的重复出现提供了机会。根据不同的生长环境，自然界的植物群落按照园林景观的视角大致可分为密林、纯林、疏林草地、荒原孤木、灌木丛林、高原草甸、草原、湿地植物群落。

一、密林

地球表面的热量随所在纬度位置的变化而变化，水分则随着距离海洋的远近以及大气环流和洋流特点而变化。水热结合影响气候、植被、土壤等的地理分布，一方面沿纬度方向呈带状发生有规律的更替，称为纬度地带性；另一方面从沿海向内陆方向呈带状发生有规律的更替，称为经度地带性，它们又合称为水平地带性。此外，随着海拔高度的增加，气候、土壤和动植物也发生有规律的更替，称为垂直地带性。以我国为例，在沿海地区，自南至北因热量条件的变化所形成的密林分布为：热带雨林→亚热带常绿阔叶林→暖温带落叶阔叶林→温带针阔叶混交林→寒温带针叶林；在温带地区，从东到西，因水分条件的变化，依次分布着落叶阔叶林或针阔叶混交林→草原→荒漠；在我国的长白山，从山脚到山顶，随水热条件的变化从下到上分布着落叶阔叶林→针阔叶混交林→山地针叶林→山地矮曲林→山地冻原。因上述三种（三向）地带性的作用及其他区域性条件的影响，地球上分布着各种各样的植物群落类型，下面简单介绍其中的几种主要类型。

1. 热带雨林（rain forest）

这是生物种类最多的一种植物群落，热带地区充足的阳光、充沛的雨水和肥沃的土壤为植物生长提供了极好的条件。之所以把热带雨林归纳为密林，是因为从景观的角度看，其垂直空间分层明显，下层植物生长密集，人类活动稀少或没有，几乎不具备可进入性。在生态分类中它包括有热带雨林、热带季雨林两种植物群落。

热带雨林一般分布在赤道南北5~100km左右的范围内。群落内有丰富的粗大木质藤本、附生植物、板根现象、茎花现象、（半）绞杀植物等，植物种类丰富多样，乔木层最高可达60~80m。群落层次结构复杂，仅乔木层就可分3层以上。可分为亚洲雨林、美洲雨林和非洲雨林3个群系，种类以亚洲雨林最为丰富，中国雨林处于亚洲雨林北缘。

热带雨林是密林中密闭度最大、生产力最高的一种植物群落（见图1-1），该群落大致可以分为5层，最上面的一层是由株高40~80m的露头树种组成，其树冠远在其余树种之上并形成不连续的冠层。第二层树种在稍低的层次上形成不连续的冠层。这两层树种间彼此会连成一片，所以难以明确的划分开来，它们共同构建一个几乎是完整的树冠层（见图1-2）。第三层也是最低的一个树木层，是由具有圆锥形树冠的树种组成的，它不仅是连续的，而且层次清晰。第四层主要是由灌木、幼树、高草和蕨类植物组成的，这些植物中很多都有伸长而向下弯曲的叶片，常被称为滴水叶尖，可使植物摆脱在长年湿润环境中的过多水分、增强蒸腾作用和减少营养淋溶（见图1-3）。第五层是由树木的幼苗、低矮的草本植物和蕨类组成的地表层（见图1-4）。另外还有不属于任何一层的攀援植物，从最低层开始依附树木而上，使雨林植物景观显得更加繁茂（见图1-5～1-7）。

图1-1 茂密的热带植物

图1-2 热带雨林的树木层，几乎遮蔽了所有的阳光

图1-3 热带雨林第四层，幼树、灌木是这一层的主要组成

图1-4 热带雨林第五层，低矮的草本和蕨类植物形成了雨林的地被层

图1-5 热带雨林中不属于任何一层的攀援植物让林中景观更加茂密

图1-6 热带雨林中不属于任何一层的树兜蕨让林中景观更加茂密

图1-7 热带雨林中不属于任何一层的青苔让林中景观更加茂密

热带季雨林又称半常绿半落叶林，其垂直分层特征与热带雨林相同，但由于要经历2~4个月的干旱期，在干旱期间大约有30%的上层树种要落叶，但下层树种和林下灌草层则常年不落叶。在我国云南、广西、广东、台湾等地南部地区属于此带，如景洪、南宁、北海、湛江、海口、高雄等地。年均温22~26.5℃，最冷月均温16~21℃，极端低温大于5℃，最热月均温26~29℃，活动积温高达8000~1 0000℃。这里没有真正的冬天，基本全年无霜，降雨极丰富，年降雨量约1200~2200mm。植物种类极为丰富，桃金娘科、棕榈科、山榄科、紫葳科、茜草科、木棉科、楝科、无患子科、梧桐科、桑科、龙脑香科、橄榄科、四数木科、大戟科、番荔枝科、肉豆蔻科、藤黄科、山龙眼科等树种较多。

雨林内植物种类繁多，层次结构复杂，少则4~5层，多则7~8层。藤本植物种类丰富，尤其多木质藤本。出现层间层、绞杀现象、板根现象、附生景观，林下有极耐阴的灌木、大型草本植物和大型蕨类植物。

2．亚热带常绿阔叶林（evergreen broad-leaved forest）

这是亚热带地区的地带性植被类型。亚热带常绿阔叶林植物群落层次很丰富，结构比热带雨林简单，包括4~5个植物层次，乔木层分2~3层。除欧洲和南极洲外各大洲均有分布，并集中分布在我国亚热带。我国北纬23°~34°的地区广泛分布着常绿阔叶林，它又可分为南亚热带季风常绿阔叶林、中亚热带典型常绿阔叶林、北亚热带常绿落叶阔叶混交林三种，其中以中亚热带的常绿阔叶林最为典型。种类组成没有热带雨林丰富，以樟科、壳斗科、山茶科、木兰科、金缕梅科为群落优势种。

我国江苏、安徽南部、河南南部、陕西南部、四川东南部、云南、贵州、湖南、湖北、江西、浙江、福建、广东、广西大部、台湾北部等地属此带。其中名山有峨眉山、大巴山、黄山、庐山、天目山、梵净山、武夷山、衡山、苍山等。我国亚热带地区地形复杂，植物种类极为丰富，尤其西部山区是很多著名观赏植物的世界分布中心，如杜鹃、含笑、绿绒蒿、报春等。年均温14～22℃，最冷月均温2.2～13℃，最热月均温28～29℃，活动积温达4500～8000℃。自然植物景观中常绿阔叶林占绝对优势，其中山毛榉科、山茶科、木兰科、金缕梅科、樟科、竹类

图1-8 暖温带落叶阔叶林植物群落外貌

资源丰富。子遗植物有银杏、水杉、银杉、金钱松等。有油桐、茶、油茶、漆、山核桃、香樟、棕榈、乌桕、桑等经济树种。有柑橘、枇杷、桃、李、花红、石榴、杨梅、银杏、柿、梅等果树。有杜仲、厚朴、木通、五味子等药材。平原地区自然的原始植被遭到破坏，有很多次生的马尾松、枫香及杉木林。由于东、西部雨量不均衡，西部10月至翌年5月为干季，干旱期较长，故植物景观中有较多的落叶树种。

3．暖温带落叶阔叶林（deciduous broad-leaved forest）（见图1-8）

这是温带地区的地带性植被类型。暖温带气候带植物发育好，品种丰富，群落结构简单，参差的植物群落包括4～5层，乔木层多为1层，冬季落叶、夏季葱绿，因此又称夏绿林。构成乔木层的全为冬季落叶的阳性阔叶树种，季相变化明显。在世界上分布极为广泛，包括北美大西洋沿岸、西欧和中欧、东亚三大区域。

我国的落叶阔叶林可分为典型落叶阔叶林、山地杨桦林和河岸落叶阔叶林三类。我国辽宁大部、河北、山西大部、河南北部、陕西中部、甘肃南部、山东、江苏北部、安徽北部属于暖温带阔叶林。北起渤海湾，西至蒙古高原，南临秦岭，包括黄土高原、辽东半岛、山东半岛，有著名的华山、泰山、嵩山、太白山、崂山等，地形起伏，海拔高低不匀。秦岭海拔3000m以上，而华北平原仅50m。年均温9.0～14.0℃，最冷月均温 -2～-13.8℃。极端最低温：沈阳-30.5℃，北京-27.4℃，青岛-16.4℃。最热月均温24～28℃，活动积温3200～4500℃。年雨量一般为500mm。植物种类3500余种。这一区域植被破坏严重，原始林主要是松栎混交林，其他如槭、椴、白蜡、杨、柳、榆、槐、椿、栾等树种。果树较多，有杏、桃、枣、苹果、梨、山里红、柿、葡萄、核桃、板栗、海棠果等。

4．温带针阔叶混交林（coniferous forest）

这是寒温带的地带性植被类型，主要由常绿针叶树和落叶阔叶树混交组成。乔木层优势种为松柏类针叶树，结构简单，温带阔叶林发育较好，树龄参差不齐，通常可分为4层。最上面的冠层是由优势树种和共优势树种所组成，其下是较矮的冠层树种，再下就是灌木层，地面层则由草本植

物、蕨类和苔藓植物组成（见图1-9）。针叶林又有明亮针叶林和阴暗针叶林之分。明亮针叶林优势种为松属和落叶松属种类，群落较稀疏，林下明亮；阴暗针叶林优势种为云杉属和冷杉属种类，群落较郁闭，林下阴暗。针阔叶混交林主要分布于北纬40°～60°的欧洲西缘、北美洲东缘和亚洲东缘，呈不连续的3大片。欧洲的针阔叶混交林从瑞典、芬兰南端及波罗的海沿岸，

图1-9　温带针阔叶混交林植物群落外貌

到圣彼得堡—雅罗斯拉夫尔—高尔基一线，南至克拉科夫—卢茨克—基辅—高尔基—卡马河中游，呈楔形延伸至乌拉尔山西麓。北美针阔叶混交林分布在五大湖沿岸，圣劳伦斯河谷及加拿大大西洋沿海诸省的东南部和美国东北诸州的大部分地区。亚洲针阔叶混交林以中国东北的东部为中心，包括俄罗斯的阿穆尔州的沿海地区，朝鲜北部和日本的本州、四国中心部分。其北界为寒冷气候下的北方针叶林带，南与温暖和半干旱气候下的落叶阔叶林或森林草原相接。在垂直分布上，针阔混交林也广泛存在于温带以南各气候带的山地，介乎亚高山针叶林和低山落叶阔叶林之间。在南半球如伊里安岛、新西兰北岛丘陵和南岛山地，也有小面积的针阔混交林分布。在欧洲针阔混交林中，针叶树的主要树种为欧洲云杉、欧洲冷杉、欧洲赤杉等，阔叶树种主要为欧洲栎、欧洲水青冈、桦叶鹅耳枥以及榆树、槭树、白蜡树、椴树等树种。北美针阔混交林中的主要针叶树种有美国五针松、加拿大铁杉、红果云杉、香脂冷杉等，主要阔叶树种有加拿大黄桦、纸皮桦、糖槭、欧洲栎、美洲水青冈、美国白蜡等。亚洲针阔混交林以红松占明显优势，混生有云杉、冷杉、杨树、桦树、椴树、栎、榆树、槭树、白蜡树、核桃树、黄檗等树种，构成原生的松阔混交林。中国东北、俄罗斯远东以及朝鲜和日本，除红松外还有第三纪的残遗种，如偃松、紫杉、鹅耳枥等；还有反映喜温特征的藤本植物如狗枣猕猴桃、北五味子、山葡萄等。

　　我国黑龙江大部、吉林东部、辽宁北部、哈尔滨、牡丹江、佳木斯、长春、抚顺等地属于温带阔叶林。长白山、小兴安岭地区海拔500～1500m，年均温2.0～8.0℃，最冷月均温−21～−24℃，活动积温1600～3200℃，生长期120～150天，年降雨量600～800mm，植物1900余种。长白山自然保护区主要植物有落叶松、红松、美人松、臭冷杉、紫杉、白桦、岳桦、蒙古栎、山杨、黄檗、槭树属、榛子、忍冬、牛皮杜鹃、苞叶杜鹃、毛毡杜鹃、越橘等木本植物，以及长白罂粟、长白米努草、长白漏斗菜、高山乌头、假雪委陵菜、大白花地榆、长白棘豆、长白岩黄蓍、高山红景天、长白虎耳草、长白山龙胆、珠芽蓼、高山紫菀等野生花卉。藤本植物出现在林内，如东北五味子、深山木

天蓼、半钟铁线莲等。

二、疏林

　　这种植物群落在外貌上呈现出来的景观依然很茂盛，将其界定为疏林关键在于林下比较空旷，可进入性比较强。在生态分类中包括有温带针叶林、寒带针叶林两种植物群落。寒温带针叶林植物一般为两层，上层为针叶林，下层为草本植物作为地被层。针叶林一年四季没有变化，但草本地被层四季变化较为明显。

　　温带针叶林的垂直分层不明显，通常树冠层很密，致使林下植物发育较弱，地被层主要是蕨类、苔藓和少量阔叶草本植物，枯枝落叶层较厚，分解程度较差。垂直分层现象不发达也影响了林内环境的分层性。大部分阳光在穿过树冠层时就被吸收了，所以林内光线很弱，但有些松林透光性较好，林下有较多的草本植物和灌木。在我国黑龙江、内蒙古北部属于寒温带。海拔300~1000m，年均温-2.2~-5.5℃，最冷月均温-28~-38℃，极端低温-53℃，最热月均温16~20℃，活动积温1100~1700℃，年降雨量300~500mm。植物800余种，主要乔木有兴安落叶松、西伯利亚冷杉、云杉、樟子松、偃松、白桦、山杨、蒙古栎。林内结构简单，基本为乔木—草本，中间灌木层少。

　　寒带针叶树有3种生长型：①锥形的云杉和冷杉，其上部树冠稀疏狭窄，下部树冠浓密遮阴性强（见图1-10）；②松树的上部树冠稀疏、薄、透光性好；③有周期落叶行为的落叶松。只有在浓密遮阴的云杉林下才会生长厚厚的苔藓层，而在透光性好的松树林下，耐光的地衣则取代了耐阴的苔藓。

图1-10　浓密的寒带针叶林外貌

三、纯林

自然界中常常出现单一树种的林子，这样的林子叫作纯林。纯林的林下景观往往干净利索，多数为次生林或人工造林。常见的纯林有白桦林、松树林、竹林、桉树林等。由于纯林林下空旷开敞，可进入性很好，为人类开展自然活动提供了可能，常常成为人们聚会、森林氧吧、野营等活动的良好选择（见图1-11、图1-12）。

图1-11 秋冬时节的白桦林

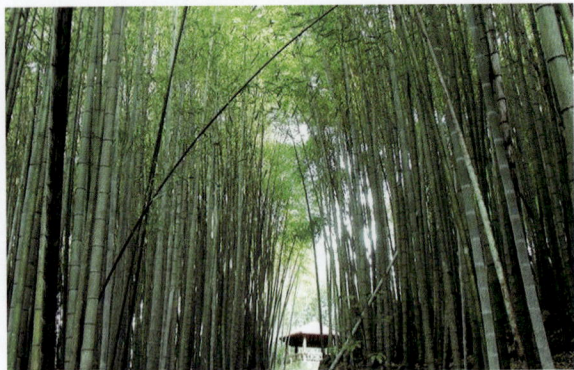

图1-12 竹林里记载着孩童追逐的成长历程，耳畔的虫鸟鸣叫伴着孩子们呼叫的声音年复一年，幽幽的竹林见证了这方土地的变迁

四、疏林草地

疏林草地景观以低矮草本类植物为基底，其上疏密有致地点缀林木，这些林木或孤植或成组团种植，形成一幅开合得当的自然景观。

疏林草地是自然界中一种具有浪漫情调的植物景观，如具有热带风情的热带稀树草原，具有英伦乡村风情的丛树草地。

热带稀树草原的垂直结构虽然不发达，但水平结构却很明显。丛生的草本植物在开阔的平原上形成了一片片低矮的植物斑块。由于其小气候经常在变化，再加之木本植物的生长，灌木和树木的错落有致更增加了水平结构的复杂性（见图1-13）。

图1-13 热带稀树草原上的树木由于水分竞争致使树木之间的间距比较大，而这种优美的树木造型是热带草原的代表景观

图1-14　分割农地的树林，顺应地势，营造丰富的乡村景观

英伦乡村风情的农地代替了草地的角色，而作为生态防护的背景林的分割让农地具有空间序列感（见图1-14）。

五、灌木丛林

灌木丛林是以灌木为主的植被或植物群落。灌木是指那些具有多个并生的茎但没有主茎的多年生木本植物，植高4.5～8m。但在恶劣的条件下，乔木可以长得比灌木还矮小，而有些灌木也可以长得很高大而且只有一个茎。灌丛多数分布在环境恶劣、水分稀少的岩石或旱地上，由于缺乏水分，所以其根系扎得很深以便吸收土壤深处的水分（见图1-15）。

图1-15　色彩丰富的灌木丛林，很多植物都是上百年高龄

六、草原

草原是由多年生低矮的草本植物（主要是禾本科植物）构成的植物群落。草原的分布很广，在欧亚大陆、北美中部、南美南部以及非洲南部等地均有大面积分布。我国的草原可分为草甸草原、典型草原、荒漠草原和高寒草原。草原的明显特征是主要由禾本科植物组成，生长期很短，从春季到秋季便会完成一个生命世代。草原植被的垂直结构通常可分为地上草本层、地面层和地下根系层。地上草本层是由禾本科植物和阔叶草本植物组成，其高度依草原类型而有所不同，最下层由蒲公英、草莓和苔藓等矮小植物所构成，中层是由矮草和阔叶草本植物如芥菜和雏菊组成，上层是由高草的叶和花茎以及阔叶草本植物的叶和花组成（见图1-16）。

图1-16　阔叶草本植物的叶和花构成了草原的外观

七、湿地

湿地是一个覆盖着水和生长着水生植物的区域，水生植物依其形态特征和生长习性又可分为沉水植物、浮叶植物、漂浮植物和挺水植物。湿地的潮湿程度有很大差异，有些湿地是永久性的浸水地，而有一些湿地土壤只是周期性出现水分饱和状态，但都在生长季节的一定时期内生长着水生植物。湿地景观有淡水湿地、湖泊池塘、溪流河流、海洋。

淡水湿地大体分为盆地湿地、河流湿地、海洋大湖岸湿地三种类型。这三种湿地的主要划分依据是水移动方向的不同。盆地湿地的水移动方向是垂直的，雨水呈细丝状从上面落下来；河流湿地的水是单方向流动的；而海岸大湖岸湿地的水流动方向是双向的，它涉及大湖水位的上下波动和涨潮退潮的潮汐活动。由于水流具有携带搬运营养物和沉积物的作用，根据不同湿地植物类型可以分为草本沼泽和森林湿地（见图1-17、图1-18）。

湖泊池塘是积蓄大量静态水的内陆凹地，水深1～2000m不等，包括小至不足1公顷的小池塘，

图1-17　森林湿地景观,如梦幻般

图1-18　海洋大湖岸边的湿地由于人类的活动而使植物生长受到影响

大到拥有数千平方千米湖面的大湖。在水浅的小池塘中,有根植物可扎根在池底生长,而在水深的大湖中,其环境犹如海洋。湖泊大都是借助于地质的、地理的和地形的原因而自然形成的。依据光的穿透深度和植物的光合作用,湖泊和池塘都有垂直分层和水平分层现象。水平分层可区分为沿岸带、湖沼带和深水带。沿岸带和深水带又都有垂直分层的底栖带。植物分布主要位于沿岸带和湖沼带。在湖泊和池塘的边缘浅水处生物种类最丰富,这里的优势植物是挺水植物,植物的数量及分布依据水深和水位波动而有所不同,浅水处有灯芯草和苔草,稍深处有香蒲和芦苇等,与其一起生长的还有慈姑和海寿属植物。再向内就形成了一个浮叶根生植物带,主要植物有眼子菜。水再深一些当浮叶植物无法生长的时候就会出现沉水植物,常见种类有轮藻和某些种类的眼子菜。湖沼带的主要植物是鼓藻、硅藻和丝藻等浮游植物(见图1-19~图1-22)。

图1-19　沿岸带挺水植物——千屈菜

图1-20　沿岸带挺水植物——菖蒲

图1-21　沿岸带从陆地到水池由千屈菜逐步过渡

图1-22　水中的睡莲亭亭玉立

溪流河流是流动的水体形态，水流的速度不同决定着植物生长的类型和丰富度，水流速度超过50cm/s应该算是水流较急的溪流，在此流速下所有直径小于5mm的颗粒物都会被冲走，留在溪底的将是小石块。高水位差可增加流速并能搬运溪底的石块和碎砖瓦，对溪床和溪岸有很强的冲刷作用。随着溪床的加深加宽和水容量的增加，溪底就会积累一些淤泥和腐败的有机物，当溪流的水流速度由急逐渐变缓时，溪流中的生物组成发生变化，生物量增加。溪水常常是由汹涌的浅滩和平静的水潭组成。浅滩上的水生附生生物附着在水下的岩石、倒木上，主要物种有硅藻、蓝细菌和水藓，在水速舒缓地带往往形成水潭，这里沉积了大量的有机物，生物量非常丰富，有多种水生植物景观（见图1-23～图1-25）。

图1-23　溪流石上的苔藓景观

图1-25　水潭丰富的植物景观

图1-24　水潭中禾本科植物景观

图1-26　具有典型热带风光的椰树、大海景观

海洋景观环境和淡水环境有很大的差异，主要区别是含有大量的盐，平均含盐量为35%。海洋中磷和氮浓度变化较大，由于生物对这些元素的摄取，常常造成海面附近的磷和氮被耗尽，而在较深处的海水中这些物质的含量丰富。海洋植物景观中的石海岸现象，是由于大量的沙滩、礁石的存在致使植物不丰富而形成的。由于地带的不同、气候不同造成沿岸的植物景观有很大的区别（见图1-26）。

以上所罗列的自然界中的植物群落对城市景观建设有很大的借鉴作用，是植物造景的原型。自然界中还有许多的植物群落景观，对于城市植物景观设计的借鉴作用表现得并不显著，在这里就不再介绍。

第二节　园林植物相关概念及作用

一、相关概念

1. 园林植物

园林植物是经过人们选择，适应于城市绿地（公园绿地、单位附属绿地、防护绿地、生产绿地和其他绿地）栽植的植物，它不仅包括具有较好观赏性的植物，还包括起着卫生防护、改善环境作用的生态保护植物。

2. 园林植物设计

根据场地自身条件特征以及对场地的功能要求，通过美学手法，利用植物乔木、灌木、藤本及草本植物不同的色彩、质感、形态以及香味来组合搭配，充分发挥植物本身形体、线条、色彩等自然美，创造具有空间变化、色彩变化、韵味变化等观赏性强的植物空间，使人所到之处都能观赏到一幅幅美丽动人的植物画面。

二、作用

1．美化作用

（1）改善城市环境生硬的面孔

植物有着优美的形态和色彩，是城市环境最好的美容师。植物本身具有柔美的特征，婆娑的枝叶使城市生硬的建筑边缘得以柔和，多变的色彩为人们提供了艺术欣赏的冲击。

（2）作为观赏对象

植物材料可以作为园林景观的主景，并能创造出各种主题的植物景观。有许多经典的园林景观都是以植物为主景进行组织的，作为主景的植物材料形象要稳定，观赏性好，或者有优美的色彩、花果等，抑或有极佳的群体美。植物材料作为背景，可以给主景创造最佳的衬托，根据前景的形态、尺寸、质感和色彩来确定背景植物材料的高度、宽度、种类和栽植密度，以保证前后景之间既有整体感又有对比衬托。

（3）创造空间，安排视线

植物材料本身是立体的，利用它还可以产生一定的视线条件，创造空间感、提高视觉和空间序列质量。通过遮挡或引导来组织空间视线，从而创造空间的封闭与开敞。根据空间开敞与封闭的程度，可以将空间分为封闭空间、半开敞空间、开敞空间。

2．改善小气候

L.J.Batten认为：小气候主要是指从地面到10余米至100m高度空间内的气候，这一层正是人类生活和植物生长的区域和空间。人类的生产和生活活动、植物的生长和发育都深刻影响着小气候。植物叶面的蒸腾作用能调节气温、调节湿度、吸收太阳辐射热，对改善城市小气候具有积极的作用。

（1）调节气温，增加湿度

植物材料通过蒸腾作用可以改善周围的温度，实验表明种植植物是创造立体环境舒适小气候的最有力、最经济的手段。植物表面水分的蒸发能控制过热的温度、增加空气湿度，从而创造凉爽湿润的宜人空间。森林枝叶的蒸腾作用，使其上空的水汽增多，容易凝结成雨，减免干旱。夏日，植物通过浓荫遮住烈日，创造树荫下的凉爽地带，冬日温暖的阳光又可以通过落了叶的树枝缓缓将温度送达到地面，改善树底下冰凉的气氛。植物还可以通过茂密的枝叶阻挡狂风暴雨，让植物的背风一侧得到片刻的安宁。研究资料表明，当夏季城市气温为27.5℃时，草坪表面温度为20～24.5℃，比裸露地面低6～7℃，比柏油路面低8～20.5℃。而在冬季，铺有草坪的足球场表面温度则比裸露的球场表面温度提高4℃左右。据观测，绿地的相对湿度比非绿化区高10%～20%，行道树也能提高相对湿度10%～20%。

（2）降低风速，改变风向

城市的带状绿地，如道路绿化与滨江滨湖绿地是城市的绿色通风走廊，可以将城市郊区的自然气流引入城市内部，为炎夏城市的通风创造良好条件；而在冬季，则可减低风速，发挥防风作用。

（3）改善温室效应

大气中的水汽、二氧化碳等，可以透过太阳辐射，又能强烈吸收地面辐射，使绝大部分的地面辐射能量保存在大气中，并通过大气辐射向上传递。大气辐射向下指向地面的部分，方向与地面辐射相反，就是大气逆辐射。大气逆辐射也几乎全部为地面所吸收，这就使地面因辐射所损耗的能量得到了补偿，因而大气对地面有保温作用。本来是协调的关系，但是由于工业社会的快速发展使自然的链条关系发生了断裂，进而导致了当今的温室效应，就是由于温室气体排放量过大而吸收温室气体的植物却在一天天的减少这一对矛盾出现而导致的。植物不仅可以改善温室效应带来的全球变暖问题，而且还可以改善局部地区的小环境。

（4）缓解热岛效应

白天在太阳照射下，地球表面的下垫面通过蒸散（含蒸发和植物蒸腾）过程而进入低层空气中的水汽量，城区却小于郊区，特别是在盛夏季节，郊区农作物生长茂密，城、郊之间自然蒸散量的差值更大。城区由于下垫面粗糙度大（建筑群密集、高低不齐），又有热岛效应，其机械湍流和热力湍流都比郊区强。通过湍流的垂直交换，城区低层水汽向上层空气的输送量又比郊区多，这两者都导致城区近地面的水汽压小于郊区，形成"城市干岛"。到了夜晚，风速减小，空气层结稳定，郊区气温下降快，饱和水汽压减低，有大量水汽在地表凝结成露水，存留于低层空气中的水汽量少，水汽压迅速降低；而城区因有热岛效应，其凝露量远比郊区少，夜晚湍流弱，与上层空气间的水汽交换量小，城区近地面的水汽压乃高于郊区，出现"城市湿岛"。这种由于城郊凝露量不同而形成的城市湿岛称为凝露湿岛，它大都在日落后1～4小时内形成。在日出后因郊区气温升高，露水蒸发，很快又转变成"城市干岛"，在城市干岛和湿岛出现时必伴有城市热岛。实践证明，绿地面积大，绿化率高的城市里，城市热岛效应得到明显缓解。

综上所述，植物对局部地区的小气候的形成起到了积极的作用，对改善城市气候系统，提高城市人们生活质量，调节水分循环以及改善大环境都有着重要的作用。

3．生态保护作用

（1）生产氧气

植物通过光合作用吸收利用太阳的光能，把简单的无机物——水和二氧化碳，合成复杂的有机物——碳水化合物，并放出氧气。

（2）保护环境

植物对环境的保护作用，主要反映在它对大气、水域、土壤的净化作用上。植物对大气的净化，首先是通过叶片吸收大气中的毒物，减少大气中的毒物含量。如植物对二氧化硫有强的吸收能力，所以在二氧化硫污染区内，植物含硫量比正常叶片含量高5～10倍。植物吸收二氧化硫后，便形成毒性小得多的亚硫酸及亚硫酸盐，只要大气中二氧化硫浓度不超过一定限度，植物叶片就不会受害，并能不断对二氧化硫进行吸收。其次是植物叶片能降低和吸附粉粒，如茂密的树林能降低风速，使空气中的大粒尘埃降落，特别是某些植物的叶面粗糙多毛，有的分泌黏液和油脂，更能吸附大量飘尘。蒙上尘埃的植物，一经雨水冲洗，又能迅速恢复吸附的能力。

植物对水域的净化，主要表现在对有毒物质进行分解转化和富集两个方面。在水中有毒物质低浓度的情况下，水生植物能吸收某些有毒物质，并在体内将有毒物质分解和转化为无毒成分。如植物从水中吸收有毒物质丁酚，并在体内形成酚糖苷一类无毒物质而贮存起来，在以后的生长发育过程中，酚糖苷可以被分解和利用而参加细胞的正常代谢过程。水生植物吸收并富集的有毒物质，一般可高于水中毒物浓度的几十倍、几百倍甚至几千倍。但利用植物富集能力来净化水域时，必须注意食物链的延伸对人类的影响。

植物对土壤的净化，主要表现为对土壤中污染物质的吸收，如植物对化学农药、毒性除莠剂、工业废水、废渣中的有毒物质等都能进行吸收，从而减少土壤中污染物质的数量。

（3）保持水土

植物对水土的保持作用以森林最为突出，森林的存在，使雨水可以通过树冠缓缓下流，经地面的枯枝落叶渗入土中，减少雨水在地表的流失和对表土的冲刷。因此，河川上游若有茂密的森林就能涵蓄水源，使清水常流、削减洪峰流量、保护坡地、防止水土流失。在自然排水沟、山谷线、水流两侧若种植些耐水湿的植物，则可以稳定坡带和边坡（见图1-27）。

图1-27　森林底层茂密的植物将土壤层层保护

除森林外，灌丛和草丛也具有保持水土的作用。特别在陡坡、沙地、土层瘠薄等很难形成森林的地段，充分发展灌丛或草丛，就能很好地防止水土流失。

4．精神作用

植物是艺术的，通过植物外观可以感受到其美妙的艺术氛围，让人沉醉在诗一般的画境中，给人以艺术熏陶；植物又是科学的，俗话说"十年树木，百年树人"，植物从胚胎到植株的成长过程以及各种植物的特征，从花、叶、果、干等细化研究并形成植物科学，这一切都为人们的精神领域带来了多少的欢娱（见图1-28）。

图1-28 丰富的植物景观给人带来愉悦

第二章

植物的观赏特征

　　植物是感性的，通过个体植株形态、色彩、质感、香味等所表达出来的韵味以及人们赋予它的拟人化性格，让植物充满了灵性，立体而生动地展现在人们面前。通过对植物观赏特性的认识，从外表到其内涵的充分理解才能为场地物色到恰当的植物素材，也能恰如其分地展现场景的景观特色。

第一节 形态

没有两棵植物的形态是一模一样的，但同种或不同种植物在外形上可能类似，从而可以进行归纳，用于设计构图。树干的形状一般有直立干（大多数乔木）、并立干（少数从基部分叉的乔木）、丛立干（灌木类植物）；树冠的形状有圆球形、圆锥形、尖塔形、卵形、柱形、伞形、杯形，并且很多耐修剪植物也可以创造出更多的形状，以供景观造型运用。植物的形态最基本的是其整株的外形，另外还有叶形、花形、干形、果形、刺毛的形态以及根的形态，这些形态在园林造景的不同观赏距离中都能起到一定的作用。

一、树形

在园林植物景观设计中，树形是造景的基本因素之一，它对园林景观的创造起着巨大的作用。如为了突出广场中心喷泉的高耸效果，亦可在其四周种植低矮浑圆形的乔灌木。至于在庭前、草坪、广场、水面的孤植树则更说明了树形在园林植物景观设计中的巨大作用。

不同树种的树形主要由遗传因素决定，也受外界环境因子的影响，但在园林应用中整形修剪则起着决定性作用。园林树木的树形通常可分为下述几种类型。

（一）针叶树类 （见图2-1）

| 圆柱形 | 尖塔形 | 圆锥形 | 广卵形 | 卵圆形 | 盘伞形 |
| 密球形 | 倒卵形 | 丛生形 | 苍虬形 | 僵卧形 | 匍匐形 |

图2-1 针叶类树木的各种形态

1．乔木类

①圆柱形，如黑松、杜松、塔柏等。

②尖塔形，如雪松、窄冠侧柏、冷杉、落羽杉、南洋杉、水杉、冲天柏等。

③圆锥形，如桧柏、金钱松、白杆等。

④广卵形，如圆柏、侧柏等。

⑤卵圆形，如球柏。

⑥盘伞形：如老年期油松。

⑦苍虬形：如高山区一些老年期树木。

2．灌木类

①密球形，如万峰桧。

②倒卵形，如千头柏。

③丛生形，如翠柏。

④偃卧形，如鹿角桧。

⑤匍匐形，如铺地柏、沙地柏等。

（二）阔叶树类（见图2-2）

图2-2　阔叶类树木的各种形态

1．乔木类

（1）有中央领导干（主导干）的

①圆柱形，如加杨、钻天杨等。

②笔形，如塔杨。

③圆锥形，如毛白杨、七叶树等。

④卵圆形，如广玉兰、樟树、深山含笑、悬铃木、菩提树、白桦、泡桐等。

⑤棕榈形，如棕榈、椰子、刺葵等。

（2）无中央领导干的

①倒卵形，如刺槐。

②球形，如五角枫、臭椿、榆树等。

③扁球形，如栗、构树、小叶朴等。

④钟形，如欧洲山毛榉。

⑤倒钟形，如槐。

⑥圆头形，如馒头柳、元宝枫、国槐、栾树等。

⑦伞形，如合欢、蓝花楹、金凤花、凤凰木等。

⑧风致形，由于自然环境因子的影响而形成的各种富于艺术风格的体形，如高山上或多风处的树木以及老年树或复壮树等。一般在山脊多风处常呈旗形。如梅、枫树等。

2．灌木及丛木类

①圆球形，如黄刺玫、小叶黄杨等。

②扁球形，如榆叶梅。

③半球形（垫状），如金缕梅。

④丛生形，如玫瑰、红瑞木、棣棠等。

⑤拱枝形，如连翘、金钟花、垂枝碧桃、太平花等。

⑥悬崖形，生于岩石隙中的火棘等。

⑦匍匐形，如平枝枸子（铺地蜈蚣）、铺地柏、迎春、地锦等。

3．藤木类（攀缘类）（见图2-3）

如紫藤、凌霄、金银花、葡萄、猕猴桃等。

4．其他类型

在上述各种自然树形中，其枝条有的具有特殊的生长习性，对树形姿态及艺术效果起着很大的影响，常见的有两种类型。

①垂枝形（见图2-4），如垂柳、柳、绦柳等。

②龙枝形（见图2-5），如龙爪槐、龙爪柳、龙爪桑等。

将上述各类树木的树形归纳起来，可分为25个基本树形。

各种树形的美化效果并非机械不变的，它常依配置的方式及周围景物的影响而有不同程度的变化。但是总的来说，对于乔木，凡具有尖塔状及圆锥状树形者，多有严肃端庄的效果；具有柱状狭窄树冠者，多有高耸静谧的效果；具钟形树冠者，多有雄伟的效果；而一些垂枝类型，常形成优雅、和谐的气氛。

图2-3　藤本植物天生就具有极好装饰作用

图2-4　垂柳依依伴水而生，体现阴柔之美

图2-5　龙爪槐枝叶下垂，样子奇特

对于灌木、丛木，呈团簇丛生的，多有素朴、浑实之感，最宜用在树木群丛的外缘，或装点草坪、路缘及屋基。呈拱形及悬岩状的，多有潇洒的姿态，宜作点景用，或在自然山石旁适当配置。一些匍匐生长的，常形成平面或坡面的绿色被覆物，宜作地被植物。此外，还有许多种类可供作岩石园配置用。至于各式各样的风致形，因其别具风格，常有特定的情趣，故须认真对待，用在适当的景观中，使之充分发挥其特殊的造景作用。

（三）树形与植物景观设计

树形是指植物从整体形态与生长习性来考虑的大致外部轮廓。在园林植物的构图和布局上树形影响着统一性和多样性。进行植物景观设计时，若树形姿态变化小，有统一性，但缺乏多样性；若姿态变化多，则多样性有余，而统一性又不足。

1. 树形的作用与植物的姿态

不同的树形有不同的表现性质，在园林植物景观设计上有独特的应用。探索树形的作用有助于更好地应用植物创造景观。

树形的作用同"方向"这个要素关系极为密切。所谓方向，即各种姿态由于它的高、宽、深三个向度的尺度不同而具有的方向性。上下方向尺度长的植物为垂直方向植物；前后、左右方向尺度比上下尺度长的为水平方向植物；各向尺度大体相等，没有显著差别的为无方向植物。依此，植物的姿态可分为以下几类：垂直向上类、水平展开类、无方向类以及其他类。

（1）垂直向上类（见图2-6）

圆柱形、笔形、尖塔形、圆锥形等姿态的植物有显著的垂直向上性，可归入此类。

常见的具有强烈的垂直方向性的植物及品种有：桧柏、塔柏、铅笔柏、钻天杨、新疆杨、水杉、落羽杉、雪松、西府海棠、云杉属等。一般的，常绿针叶类乔木多具有垂直向上性。这类植物具有高洁、权威、庄严、肃穆、向上、崇高和伟大等表现作用。它的另一面是傲慢、孤独和寂寞之感。

此类植物通过引导视线向上的方式，突出了空间的垂直面，能为一个植物群和空间提供一种垂直感和高度感。如果大量使用该类植物，其所在的植物群体和空间会给人一种超过实际高度的幻觉，当与较低矮的展开类或无方向类（特别是圆球形）植物种植在一起时，其对比会十分强烈。垂直向上类的植物给人一种紧张感，而圆球形植物或展开类植物则使人放松，一收一放，从而成为视觉中心。圆柱形植物犹如一"惊叹号"引人注目，由于这种特性，故在设计时应谨慎使用，如果过多运用，会造成多个视线焦点，使构图跳跃破碎。

垂直向上类的植物宜用于需要严肃静谧气氛的陵园、墓地、教堂，这类植物有一种强烈的向上升的动势，人们能从它那富有动势的向上升腾的形象中充分体验到那种对冥国死者哀

图2-6　垂直向上类植物

悼的情感或者对宗教信仰的坚定不移。

（2）水平展开类（见图2-7）

偃卧形、匍匐形等姿态的植物有显著的水平方向性，可归为此类。当一组垂直姿态的植物组合在一起，当长度明显大于高度时，植物本身特有的垂直方向性消失，而具有了水平方向性，绿篱就是一个典型的例子。常见的具有强烈水平方向性的植物种类有：沙地柏、铺地柏、平枝枸子等，这类植物有平静、平和、永久、舒展等表现作用，它的另一面是疲劳、死亡、空旷和荒凉。

水平方向感强的展开类植物可以增加景观的宽广感，使构图产生一种宽阔和延伸的意象。展开形植物还会引导视线沿水平方向移动。该类植物重复地灵活运用，效果更佳。在构图中，展开类植物与垂直类植物或具有较强的垂直习性的植物配植在一起，有强烈的对比效果。

水平展开类植物常形成平面或坡面的绿色被覆物，宜作地被植物，能和平坦的地形、开展的地平线和低矮水平延伸的建筑物相协调。

（3）无方向类

植物大多没有显著的方向性，如姿态为卵形、广卵形、倒卵形、钟形、倒钟形、球形、扁球形、半球形、馒头形、伞形、丛生形、拱枝形的植物都可归为此类。而球形类为典型的无方向类。

①圆球类具有内聚性，同时又由于等距放射，同周围的任何姿态能很好地协调（见图2-8）。

园林植物中天然具有球形姿态的较少见，常见的是修剪为球形的植物，例如：锦熟黄杨球、大叶黄杨球、枸骨球等。馒头形的馒头柳、千头椿等也部分具有球形植物的性质。

圆球类植物有浑厚、朴实之感，这类植物配以缓和的地形能产生安静的气氛。

需要注意的是，球形植物易引起坟墓的联想，所以在医院、老年人休疗养中心、活动中心应谨慎使用。

②姿态为卵形、广卵形、倒卵形、钟形、倒钟形、丛生形、拱枝形的植物，没有明显的方向性，此类植物在园林中种类最多，应用也最广泛（见图2-9）。

该类植物在引导视线方面既无方向性，也无倾向性，因此，在构图中随便使用都不会破坏设计的统一性。这类植物具有柔

图2-7　水平展开类植物

图2-8　圆球形植物

图2-9　最常见的居无定形形态

和平静的特征，可以调和其他外形较强烈
的形体，但此类植物创造的景观往往没
有重点。

（4）特殊树形类（见图2-10）

①垂枝类植物具有明显的悬垂或下弯
的枝条，与垂直向上类植物相反，垂直
向上类的植物有一种向上运动的力，而垂
枝类植物有一种向下运动的力。这里所指
的垂枝类植物包括狭义的垂枝植物，如垂
柳、绦柳、照水梅、垂枝碧桃等，也包括
枝条向下弯的植物，如龙爪槐、迎春、连
翘等。它们都具有明显的向下方向性。

图2-10　长在石崖边上的植物造型优美

在设计中，垂枝形植物能起到将视线引向地面的作用，因此，可以在引导视线向上的植物之
后，用垂枝植物，上下呼应。特别应该指出的是，垂枝植物可用于垂直绿化。垂枝植物还可植于水
边，以配合其波动起伏的涟漪。为能表现出植物的姿态，最理想的做法是将该类植物种植在地面的
高处，植物越过岸后垂下使悬空倾泻的形象增强。

②特殊形植物有奇特的造型，其形状千姿百态，有不规则的、多瘤节的、歪扭的和缠绕螺旋式
的。在前面介绍的25种基本姿态中，悬崖形和扯旗形便是特殊形植物的代表。

这类植物具有奇特的外形，最好作为孤植树。一般说来，无论在何种景观内，一次只宜置放一棵
这种类型的植物，这样方能避免杂乱的景象。

（5）树形应用注意要点

在具体应用树形进行植物景观设计时还应注意以下几点。

①植物的树形并不是一成不变的。有的会随着四季更替而发生变化，如落叶植物在落叶前后的
变化。另外，有的植物在不同的生长发育时期姿态也有所不同，例如油松，老年与中年、幼年不
同，越老姿态越奇特，老年油松姿态亭亭如华盖。

②不同树形的植物给人的重量感是不同的。视觉艺术心理学的研究表明：凡是规则的形状，其
重力就比那些不规则形状的重力大一些；物体向中心聚集的程度也影响重力等。比如那些修剪成规
则形状的植物，在感觉上就重些，构图应加以注意。

③当植物是以群体出现时，单株的形象便消失，它的自身造型能力受到削弱。在此情况下，整
个群体植物的外观便成了重要的方面。例如，地被植物就是同一姿态的植物以群体出现，个体的姿
态消失了，此时应考虑的是整体的姿态。

④在一个植物景观的设计中，不要应用太多的不同树形的植物，以免产生繁杂之感。

2．植物姿态在植物景观设计中的作用

①增加地形起伏。为了增加小地形的起伏，可在小土丘的上方种植长尖形的树种，在山基栽植
矮小、扁圆形或匍匐形的植物，借姿态的对比与烘托来增加地形的起伏。

②不同树形的植物经过妥善的配植与安排，可以产生韵律感、层次感等组景的效果。

③树形的巧妙利用能创造出有意味的形式。

④特殊树形植物的孤植，成为庭园和园林局部的中心景物。

二、叶形

植物的叶子形态各异，有如马褂的马褂木，有如羊蹄的羊蹄甲，有如鸡脚的鸡爪槭，有如鹅掌的鹅掌柴……植物叶子大小也有很大差异：有面积大到几平方米的芭蕉叶，也有小到几毫米的苔藓类。从植物学角度来归纳，叶形一般有以下几种基本形态（见图2-11）。

1．单叶

①针形类包括针形叶及凿形叶，如油松、雪松、柳杉等。

图2-11　单叶与复叶植物叶子区别

②条形类、钝形类如冷杉、紫杉等。

③披针形类包括披针形如柳、杉、夹竹桃等，及倒披针形如黄瑞香、鹰爪花等。

④椭圆形类如金丝桃、天竺桂、柿以及长椭圆形的芭蕉等。

⑤卵形类包括卵形及倒卵形叶，如女贞、玉兰、紫楠等。

⑥圆形类包括圆形及心形叶，如黄栌、紫荆、泡桐等。

⑦掌状类如五角枫、刺楸、梧桐等。

⑧三角形类包括三角形及菱形，如钻天杨、乌桕等。

⑨奇异形包括各种引人注目的形状，如北美鹅掌楸的鹅掌形、马褂木的长衫形叶，羊蹄甲的羊蹄形叶，变叶木的戟形叶以及为人熟知的银杏的扇形叶等。

2．复叶

①羽状复叶，包括奇数羽状复叶、偶数羽状复叶，以及二回或三回羽状复叶，如刺槐、锦鸡儿、合欢、南天竹等。

②掌状复叶，小叶排列成指掌形，如七叶树等，也有呈二回掌状复叶者，如铁线莲等。

叶片除基本形状外，又由于叶边缘的锯齿形状以及缺刻的变化而更加丰富。不同的形状和大小，具有不同的观赏特性。例如棕榈、蒲葵、椰子、龟背竹等均具有热带情调。大型的掌状叶给人以素朴的感觉，大形的羽状叶却给人以轻快、洒脱的感觉。产于温带的鸡爪槭会营造出轻快的氛围；但产于温带的合欢与亚热带及热带的凤凰木，则会产生轻盈秀丽的效果。

三、花相与花形

花是植物的重点观赏对象，花朵常常采用绚丽多姿、五颜六色等明媚艳丽的词汇赞赏，正是这美妙的花朵让整个世界进放光彩。

园林树木的花朵，有各式各样的形状和大小。单朵的花又常排聚成大小不同、式样各异的花序。花序的形式很重要，虽然有些种类的花朵很小，但排成庞大的花序后结果反而比具有大花的种类还要美观。例如小花溲疏的花虽小，就比大花溲疏的效果好。这些复杂的变化形成了不同的观赏效果。而由于花器及其附属物的变化又形成了许多欣赏上的奇趣。例如金丝桃花朵上的金黄色小蕊，长长地伸出于花冠之外；锦葵科的拱手花

右侧从上至下分别为：独生花相、星散花相、干生花相
中间从上至下分别为：团簇花相、密满花相、线条花相
左上为：覆被花相

图2-12　各种花相竞相争艳

篮，朵朵红花垂于枝叶间；带有白色巨苞的拱桐花，宛若群鸽栖止枝梢。

花的观赏效果，不仅由花朵或花序本身的形貌、色彩、香气而定，而且还与其在树上的分布、叶簇的陪衬关系以及着花枝条的生长习性密切有关。我们将花或花序着生在树冠上的整体表现形貌特称为"花相"。园林树木的花相，从树木开花时有无叶簇的存在而言，可分为两种形式，一为"纯式"，一为"衬式"。前者指在开花时叶片尚未展开，全树只见花不见叶，故曰纯式；后者则在展叶后开花，全树花叶相衬，故曰衬式。现将树木的不同花相分述如下（见图2-12）。

（1）独生花相

此类较少、形较奇特，例如苏铁类。

（2）线条花相

花排列于小枝上，形成长形的花枝。由于枝条生长习性之不同，有呈拱状花枝的，有呈直立剑状的，或略短曲如尾状的等。简而言之，本类花相大抵枝条较稀，枝条个性较突出，枝上的花朵成花序的排列也较稀。呈纯式线条花相者有连翘、金钟花等；呈衬式线条花相者有珍珠绣球、三桠绣球等。

（3）星散花相

花朵或花序数量较少，且散布于树冠各部。衬式星散花相的外貌是在绿色的树冠底色上，零星散布着一些花朵，有丽而不艳、秀而不媚之效。如珍珠梅、鹅掌楸、白兰等。纯式星散花相种类较多，花数少而分布稀疏，花感不烈，但亦疏落有致。若于其后植有绿树背景，则可形成与衬式花相相似的观赏效果。

（4）团簇花相

花朵或花序形大而多，就全树而言花感较强烈，但每朵或每个花序的花簇仍能充分表现其特色。呈纯式团簇花相的有玉兰、木兰等，属衬式团族花相的可以大绣球为典型代表。

（5）覆被花相

花或花序着生于树冠的表层，形成覆伞状。属于本花相的树种：纯式有绒叶泡桐、泡桐等，衬式有广玉兰、七叶树、栾树等。

（6）密满花相

花或花序密生全树各小枝上，使树冠形成一个整体的大花团，花感最为强烈。纯式如榆叶梅、毛樱桃等，衬式如火棘等。

（7）干生花相

花着生于茎干上。种类不多，大抵均产于热带湿润地区。例如槟榔、枣椰、鱼尾葵、木菠萝、可可等。在华中、华北地区之紫荆，亦能于较粗老的茎干上开花，但难与典型的干生花相相比拟。

此外，就花的观赏特性言之，开花的季节及开放时期的长短以及开放期内花色的转变等，均有不同的观赏意义。这些，都是我们研究植物观赏特性时所应注意的内容。

四、果形

植物的果实不仅具有很高的经济价值，而且在收获的季节红彤彤、金灿灿的果实将整棵树都装点得异常壮观，在城市美化中起着重要的作用。园林中为了观赏的目的而选择观果树种时大抵须注意形与色两方面。

一般果实的形态以奇、巨、丰为准。所谓"奇"，乃指形状奇异有趣。例如铜钱树的果实形似铜币；象耳豆的荚果弯曲，两端浑圆而相接，犹如象耳一般；腊肠树的果实好比香肠；秤锤树的果实如秤锤一样；紫珠的果实宛若许多晶莹透体的紫色小珍珠；其他各种像气球的、像元宝的、像串铃的、其大如斗的、其小如豆的等，不一而足。而有些种类，不仅果实可赏，而且种子又美，富于诗意，如王维"红豆生南国，春来发几枝，愿君多采撷，此物最相思"诗中的红豆树等。所谓"巨"，乃指单体的果形较大，如柚；或果虽小果形鲜艳，果穗较大，如接骨木，均可收到"引人注目"之效。所谓"丰"，乃就全树而言，无论单果或果穗，均应有一定的丰盛数量，才能发挥较好的观赏效果（见图2-13）。

图2-13　收获的季节，果实累累景色宜人

五、干形

乔木干皮的形态也很有观赏价值。以树皮的外形而言，大抵可分为如下几个类型。

（1）光滑树皮

表面平滑无裂，例如许多树木青年期的树皮大抵呈平滑状，典型者如胡桃幼树、柠檬桉等。

（2）横纹树皮

表面呈浅而细的横纹状，如山桃、桃、樱花等。

（3）片裂树皮

表面呈不规则的片状剥落，如白皮松、悬铃木、木瓜、榔榆等。

（4）丝裂树皮

表面呈纵而薄的丝状脱落，如青年期的柏类。

（5）纵裂树皮

表面呈不规则的纵条状或近于人字状的浅裂，多数树种均属于本类。如马缨花、银杏等。

（6）纵沟树皮

表面纵裂较深，呈纵条或近于人字状的深沟，例如老年的胡桃、板栗等。

（7）长方裂纹树

皮表面呈长方形之裂纹，例如柿、君迁子等。

（8）粗糙树皮

表面既不平滑，又无较深沟纹，而是呈不规则脱落粗糙状，如云杉、油杉等。

（9）疣突树皮

表面有不规则的疣突，暖热地方的老龄树木可见到这种情况。

（10）鳞片状树皮

表面似鱼鳞状，如油松、云南松等。

树皮外形的变化颇为繁复，且可随树龄而变化，但是上述的类型已可包括一般的形貌（见图2-14）。

图2-14 奇特的树干，让整个丛林充满童话色彩

六、刺毛形态

很多树木的刺、毛等附属物，也有一定的观赏价值。如楤木属多被刺与绒毛；红毛悬钩子小枝密生红褐色刚毛，并疏生皮刺；红泡刺藤茎紫红色，密被粉霜，并散生钩状皮刺。峨眉蔷薇小枝密被红褐刺毛，紫红色皮刺基部常膨大，其变形翅刺——峨眉蔷薇皮刺极宽扁，常近于相连而呈翅状，幼时深红，半透明，尤为可观。

七、根形

树木裸露的根部也有一定的观赏价值，中国人自古以来即对此有很高的鉴赏，因此，很久以前就已经运用此观赏特点于园林美化及桩景盆景的培养。但是并非所有树木均有显著的露根美。一般言之，树木达老年期以后，均可或多或少地表现出露根美。在这方面效果突出的树种有：松、榆、朴、梅、楸、榕、蜡梅、山茶、银杏、鼠李、广玉兰、落叶松等。

在亚热带、热带地区有些树有巨大的板根，很有气魄，如四数木、千果榄仁等；另外，具有气生根的种类可以形成密生如林、绵延如索的景象，更为壮观，如菩提树、小叶榕等。

第二节　色彩

大千世界各种各样的植物种类都有不同的色彩外观，通过植物的花、叶、果、干表现出来。花色从白、黄、粉、红、紫、蓝五彩斑斓应有尽有；叶子虽大部分为绿色，但也有为数不少的种类呈现终年的彩色，即使是绿叶植物也有不同程度的绿色，呈现多种层次的变化；而果子也从不同色阶能找到多种果子；树干的色彩是最吸引人的，而且每种植物又随着季节的变化，呈现出不同的季相景观。

一、叶色

叶的色彩是植株色彩最为突出的元素，因为植物95%的外表都被叶所覆盖，而且在四季变化中常绿植物几乎全年被叶子覆盖，而落叶植物也有五分之三的时间被覆盖着。叶的颜色有极大的观赏价值，根据叶色的特点可分为以下几类。

1．绿色类

绿色虽属叶子的基本颜色，但根据颜色的深浅不同则有嫩绿、浅绿、鲜绿、浓绿、黄绿、赤绿、褐绿、蓝绿、墨绿、亮绿、暗绿等差别。将不同绿色的树木搭配在一起能形成美妙的色感，例如在暗绿色针叶树丛前配植黄绿色树，会形成满树黄花的效果。现以叶色的浓淡为代表，举例如下。

①叶色呈深浓绿色者，如油松、圆柏、雪松、云杉、青杆、侧柏、山茶、女贞、桂花、槐、榕、毛白杨、构树等。

②叶色呈浅淡绿色者，如水杉、落羽松、金钱松、七叶树、鹅掌楸、玉兰等。

应加以说明的是，叶色的深浅、浓淡受环境及本身营养状况的影响而发生变化，所以上述的分法应以正常的情况为准。为深入掌握叶色的变化规律，在观察记载时应记录环境条件及植物本身的生长状况。

2．春色叶类及新叶有色类

树木的叶色常因季节的不同而发生变化，例如栎树在早春呈鲜嫩的黄绿色、夏季呈正绿色、秋则变为褐黄色。在园林工作中，除对树木在夏季的绿叶加以研究外，尤其应注意其春季及秋季叶色的显著变化。对春季新发的嫩叶有显著不同叶色的，统称为"春色叶树"，例如臭椿、五角枫的春叶呈红色，黄连木春叶呈紫红色等。在南方暖热气候地区，有许多常绿树的新叶不限于在春季发生，而是不论季节只要发出新叶就会具有美丽色彩而有宛若开花的效果，如铁刀木、石楠等。

本类树木如种植在浅灰色建筑物或浓绿色树丛前，能产生类似开花的观赏效果。

3．秋色叶类（见图2-15）

凡在秋季叶子颜色能有显著变化的树种，均称为秋色叶树，各国园林工作者均极重视秋色叶植物的应用。

①秋叶呈红色或紫红色者，如鸡爪槭、五角枫、茶条槭、糖槭、枫香、地锦、五叶地锦、小檗、樱花、漆树、盐肤木、野漆、黄连木、柿、黄栌、南天竹、花楸、百花花楸、乌桕、红槲、石楠、卫矛、山楂等。

②秋叶呈黄或黄褐色者，如银杏、白蜡、鹅掌楸、加拿大杨、柳、梧桐、榆、槐、白桦、无患子、复叶槭、紫荆、栾树、麻栎、栓皮栎、悬铃木、胡桃、水杉、落叶松、金钱松等。

图2-15 丰富的色彩让整个秋季生动起来

以上仅示秋叶的一般变化，实则在红与黄中又可细分为许多类别。在园林实践中，由于秋色期较长，故早为各国人民所重视。例如在我国北方每于深秋观赏黄栌红叶，而南方则以枫香、乌桕的红叶著称。在欧美的秋色叶中，红槲、桦类等最为夺目。而在日本，则以槭树最为普遍。

4．常色叶类

有些树的变种或变形，其叶常年均成异色，特称为常色叶树。全年树冠呈紫色的有紫叶小檗、紫叶欧洲槲、紫叶李、紫叶桃等；全年叶均为金黄色的有金叶鸡爪槭、金叶雪松、金叶圆柏等；全年叶均具斑驳彩纹的有金心黄杨、银边黄杨、变叶木、洒金珊瑚、红榉木等。

5．双色叶类

某些树种，其叶背与叶表的颜色显著不同，在微风中就形成特殊的闪烁变化的效果，这类树种特称为双色叶树。例如银白杨、胡颓子、栓皮栎、青紫木等。

6．斑色叶类

绿叶上具有其他颜色的斑点或花纹，例如桃叶珊瑚、变叶木等。

除了上述关于叶的各种观赏特性以外，还应注意叶在树冠上的排列，上部枝条的叶与下部枝条的叶之间常呈各式的镶嵌状，因而组成各种美丽的图案，尤其当阳光将这些美丽图案投影在铺装平整的地面上时，会产生很好的艺术效果。

这些园林树木艺术效果的形成并不是孤立的，园林工作者在进行植物景观设计之前，必须对叶的各种观赏特性有深刻的领悟，才能创造出优美的景观，才能充分展示出它们的观赏特性。

二、花色

园林树木的花朵除了具有各式各样的形状和大小外，色彩上更是千变万化，层出不穷。这些复杂的变化就形成了不同的观赏效果。例如艳红的石榴花如火如荼，会形成热情兴奋的气氛；白色的丁香花就似乎赋有悠闲淡雅的气质；至于雪青色的繁密小花如六月雪、薄皮木等，则形成了一幅恬静的图画。

色彩效果是继花序、花形之后的又一主要观赏要素，根据花色大致将树种分类如下。

1. 红色系花（见图2-16）

海棠、桃、杏、梅、樱花、蔷薇、玫瑰、月季、贴梗海棠、石榴、牡丹、山茶、杜鹃、锦带花、夹竹桃、毛刺槐、合欢、粉花绣线菊、紫薇、榆叶梅、紫荆、木棉、凤凰木、刺桐、象牙红、扶桑等。

2. 黄色系花（见图2-17）

迎春、迎夏、连翘、金钟花、黄木香、桂花、黄刺玫、黄蔷薇、棣棠、黄瑞香、黄牡丹、黄杜鹃、金丝桃、金丝梅、蜡梅、金老梅、珠兰、黄蝉、金雀花、金莲花、黄花夹竹桃、小檗、金花茶等。

3. 蓝色系花（见图2-18）

紫藤、紫丁香、油麻藤、蓝花楹、桔梗、木槿、泡桐、八仙花、牡荆、醉鱼草、假连翘、薄皮木等。

4. 白色系花（见图2-19）

茉莉、白丁香、白牡丹、白茶花、溲疏、山梅花、女贞、荚蒾、枸橘、甜橙、玉兰、珍珠梅、广玉兰、白兰、栀子花、梨、白碧桃、白蔷薇、白玫瑰、白杜鹃、刺槐、绣线菊、银薇、白木槿、白花夹竹桃、络石等。

图2-16　红色系列花卉耀眼夺目

图2-17　黄色系列花卉活泼可爱

图2-18　蓝色系列花卉神秘别致

图2-19　白色系列花卉纯洁典雅

三、果色

果实的颜色有着更大的观赏意义。尤其是在秋季，硕果累累的丰收景色，充分显示了果实的色彩效果。现将各种果色的树木分列于下。

1. 果实呈红色者

桃叶珊瑚、小檗类、平枝枸子、水枸子、山楂、冬青、枸杞、火棘、花楸、樱桃、毛樱桃、郁李、欧李、麦李、枸骨、金银木、南天竹、珊瑚树、紫金牛、柿、石榴等。

2. 果实呈黄色者

银杏、梅、杏、瓶兰花、柚、甜橙、香橼、佛手、金柑、枸橘、南蛇藤、梨、木瓜、榲桲、贴梗海棠、沙棘等。

3. 果实呈蓝紫色者

紫珠、蛇葡萄、葡萄、鱿猪刺、十大功劳、李、蓝果忍冬、桂花、白檀等。

4. 果实呈黑色者

小叶女贞、女贞、刺楸、五加、枇杷叶荚蒾、黑果绣球、鼠李、常春藤、君迁子、金银花、黑果忍冬、黑果荀子等。

5. 果实呈白色者

红瑞木、芫花、雪果、湖北花楸、陕甘花楸、西康花楸等。

除上述基本色彩外，有的果实尚具有花纹。此外，由于光泽、透明度等的不同，又有许多细微的变化。在选用观果树种时，最好选择果实不易脱落而浆汁较少的，以便长期观赏。

四、枝色

树木枝条的颜色亦具有一定的观赏意义，尤其是当深秋叶落后，枝干的颜色更为醒目。对于枝条具有美丽色彩的树木，特称为观枝树种。常见供赏红色枝条的有红瑞木、野蔷薇、杏、山杏等；可赏古铜色枝的有山桃、桦木等；而于冬季欲赏青翠碧绿色彩时则可植梧桐、棣棠等。

五、干色

树干的皮色对美化配植起着很大的作用。例如在街道上有白色树干的树种，可产生极好的美化及加大路宽的实用效果。而在进行丛植配景时，也要注意树干颜色之间的关系。现将干皮有显著颜色的树种举例如下。

①呈暗紫色的，如紫竹。

②呈红褐色的，如马尾松、杉木、山桃等。

③呈黄色的，如金竹、黄桦等。

④呈灰褐色的，一般树种常是此色。

⑤呈绿色者，如竹、梧桐等。

⑥呈斑驳色彩的，如黄金间碧玉竹、碧玉间黄金竹、木瓜等。

⑦呈白或灰色者，如白皮松、白桦、胡桃、毛白杨、朴、山茶、悬铃木、柠檬桉等。

第三节　质感

植物本身具有丰富的个性，质感的粗细直接反映植株的粗犷与细腻的特征，从而适应不同场地特征需求。植物的质感主要体现在叶子的表面反映出来的特征：叶子大而粗糙者，显得植株粗犷大气；叶小而柔软者，显得植株细腻柔美；叶子大而硬朗者，显得植株伟岸有力；叶小而硬朗者，显得植株细致精神（见图2-20）。

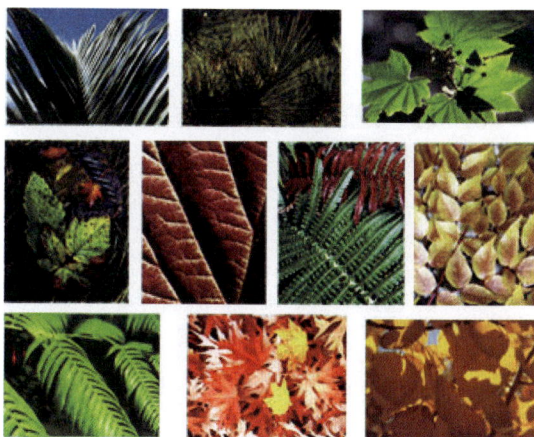

图2-20　各种质感的植物叶子

一、叶的大小

大者如巴西棕，其叶片长达20米以上，小者如麻黄、柽柳、侧柏等的鳞片叶仅长几毫米。一般言之，原产热带湿润气候的植物，大多叶较大，如芭蕉、椰子、棕榈等；而产于寒冷干燥地区的植物，叶多较小，如榆、槐、槭等。

二、叶的质地

叶的质地不同，产生不同的质感，观赏效果也就大为不同。革质的叶片，具有较强的反光能力，由于叶片较厚、颜色较浓暗，故有光影闪烁的效果。纸质、膜质叶片，常呈半透明状，常给人以恬静之感。至于粗糙多毛的叶片，则多富于野趣，例如：绒柏的整个树冠有如绒团，具有柔软秀美的效果；而枸骨坚硬多刺，则具有剑拔弩张的效果。

由于叶片质地，不像叶形、叶色那样具有强烈的观赏效果，所以在园林植物的配植中，常常忽略叶片质感方面的运用，这是特别值得注意的。

第四节　气味

每株植物都有自身独特的气味，让其在芸芸众生之中显得特别。植物发出气味的部位主要有花、果实以及枝叶等。有些植物的味道比较强烈，有些比较微弱。按照人类对气味的喜好分为香味、中性味道以及臭味。

以花的芳香而论，目前虽无一致的标准，但可分为清香（如茉莉）、甜香（如桂花）、浓香（如白兰花）、淡香（如玉兰）、幽香（如兰）。不同的芳香会使人产生不同的反应，有的起兴奋作用，有的却让人反感。在园林中，许多地方常有所谓"芳香园"的设置，即利用各种香花植物配植而成。

果实不仅可赏，又有招引鸟类及兽类的作用，可给园林带来生动活泼的气氛。不同的果实可招来不同的鸟，例如小檗易招来黄连雀、乌鸦、松鸡等，而红瑞木一类的树则易招来知更鸟等。但另一方面的问题是，在重点观果区域须注意防止鸟类大量啄食果实。

枝叶的味道最为普通，但大部分不是很突出，所以相对而言枝叶的气味就被弱化了。有些树木的枝叶会挥发出香气，如松树、樟科树种及柠檬桉等，均能使人感到精神舒畅。

第五节　意境

一、植物的意境美

植物是存在空间的实体，所谓睹物思人，系这种空间的实体往往会勾起人类对于在此空间发生的种种经历而充满回忆，植物由此产生了意境。在更大的范围内，人们赋予植物以人格特征：或伟岸、或柔美、或忠贞、或纯洁等美好的人格品质，使植物不仅仅停留在物态的景物，而是上升到灵性空间，充满了生动立体的特征（见图2-21、图2-22）。

植物具有一种比较抽象的，极富于思想感情的美，即联想美。最为人们所熟知的如松、竹、梅被称为"岁寒三友"，象征着坚贞、气节和理想，代表着高尚的品质。其他如松、柏因四季常青，又象征着长寿、永年；紫荆象征兄弟和睦；含笑表示深情；红豆表示相思、恋念；而对于杨树、柳树，却有"白杨萧萧"表示惆怅、伤感，"垂柳依依"表示感情上的绵绵不舍、惜别等。在民间，

图2-21　流水落花赋予丰富的情感意境

图2-22　留得残荷听雨声，即使是枯枝败叶，也不减观赏价值

传统上更有所谓"玉、堂、春、富、贵"的观念。

树木联想美的形成是比较复杂的，它与民族的文化传统、各地的风俗习惯、文化教育水平、社会的历史发展等有关。中国具有悠久的文化，在欣赏、讴歌大自然中的植物美时曾将许多植物的形象美概念化或人格化，赋予丰富的感情。事实上，不仅中国如此，其他许多国家亦均有此情况，例如，日本人对樱花的感情，每当樱花盛开的季节，男女老幼载歌载舞，举国欢腾；加拿大以糖槭树象征着祖国大地，将树叶图案绘在国旗上；中国亦习惯以桑、梓代表乡里，出现于文学中。一个较著名的例子是，在第二次世界大战后，苏联在德国柏林建立一座苏军纪念碑。在长轴线的焦点，巍然矗立着抗击法西斯、保卫祖国、捍卫和平的威武战士抱着儿童的雕像，军旗倾斜表示庄严的哀悼，母亲雕像垂着头沉浸于深深的悲痛之中，在母亲雕像旁配植着垂枝白桦，白桦是苏联的乡土树种，垂枝表示哀思。这组配植使我们想象到来自远方祖国家乡的母亲，不远万里来到异国想探视久久思念的儿子，但当她得知爱子已牺牲而来到墓地时的心情。这组配植是非常成功的，当你细细品味时总是感人泪下，从而唤起反对法西斯、保卫世界和平的感情。还会觉得战士的英灵也会得到慰藉，因为他得到人民的尊重，并且有母亲和家乡的草木在身旁陪伴而不会产生独处异国他乡的伤感。我国首都天安门广场人民英雄纪念碑及毛主席纪念堂南面的松林配植也是较好的例子。

植物的联想美，如前所述，多是由文化传统逐渐形成的，但是它并不是一成不变的，随着时代的发展而有所改变。例如，"白杨萧萧"是由于在旧时代一般的民家多将其植于墓地而形成的，但是在现代却由于白杨生长迅速，枝干挺拔，叶近革质而有光泽，具有浓荫匝地的效果，所以成为良好的绿化树种。即时代变了，绿化环境变了，所形成的景观变了，游人的心理感觉也变了，所以当微风吹拂时就不会有"萧萧愁煞人"的感觉。相反的，如将白杨配植在公园的安静休息区中，却会产生"远方鼓瑟""万籁有声"的安静松弛感，而收到充分休息的效果。又如梅花，旧时代总是受文人"疏影横斜"的影响，带有孤芳自赏的情调，而现在却应以"待到山花烂漫时，她在丛中笑"的富有积极意义和高尚理想的内容去转化它。

此外，叶还可有音响的效果。针状叶树种最易发音，所以古来即有"松涛""万壑松风"的匾额来赞颂园景之美。至于响叶杨，即是坦率地以其能产生音响而命名了。这些是通过树木的音响而产生的意境美。

总之，园林设计师应善于继承和发展树木的联想美，将其精巧地运用于树木（植物）的配植艺术中。

二、季相变化的意境美

树木的萌芽、展叶、开花、结果、红叶、落叶等生命现象，与环境的季节变化密切相关。植物的季象变化，以其丰富的内容让人们感受到周围景观的变化和四季的变迁。四季变化的植物景观，令人百游不倦，流连忘返。春季的萌动、夏季的萌实、秋季的成熟、冬季的浪漫，让人们感受到生命的无比激情，也带给人们无尽的遐想，产生丰富的意境美。

第六节　群体植物

一、塑造各种空间

植物材料有的高到几十米上百米，而有的只有几厘米。在塑造空间时不同高度的植物会各显神通，根据自身特点营造气势磅礴，或者温馨宜人，抑或平坦开阔的空间环境。在园林的构成要素中，建筑、山石、水体都是不可或缺的，然而，缺少了植物，园林也不可能从宏观上作整体性的空间配置。利用植物的形态特征，可以营造各种各样的自然空间，再根据园林中各种功能的需要，与小品、山石、地形等的结合，更能够创造出丰富多变的植物空间类型。总体上可以形成开敞空间、半开敞空间、覆盖空间、封闭空间、垂直空间、四季动态空间。

1．开敞空间

园林植物形成的开敞空间是指在一定区域范围内，人的视线高于四周景物的植物空间，一般用低矮的灌木、地被植物、草本花卉、草坪可以形成开敞空间。在较大面积的开阔草坪上，除了低矮的植物以外，有几株高大乔木点植其中，并不阻碍人们的视线，也称得上开敞空间。但是，在庭园中，由于尺度较小，视距较短，四周的围墙和建筑高于视线，即使是疏林草地的配置形式也不能形成有效的开敞空间。开敞空间在开放式绿地、城市公园等园林类型中非常多见，像草坪、开阔水面等，视线通透，视野辽阔，容易让人心胸开阔，心情舒畅，产生轻松自由的满足感（见图2-23）。

2．半开敞空间

半开敞空间就是指在一定区域范围内，四周不全开敞，而是有部分视角用植物阻挡了人的视线，根据功能和设计需要，开敞的区域有大有小。一般来说，从一个开敞空间到封闭空间的过渡就是半开敞空间。它也可以借助地形、山石、小品等园林要素与植物配置共同形成。半开敞空间的封闭面能够抑制人们的视线，从而引导空间的方向，达到"障景"的效果。比如从公园的入口进入另一个区域，设计者常会采用先抑后扬的手法，在开敞的入口某一朝向用植物小品来阻挡人们的视线，使人们难以穷尽，待人们绕过障景物，进入另一个区域就会感到豁然开朗，心情愉悦（见图2-24）。

图2-23　低矮的花卉植物成片种植气势开阔

图2-24　周围的乔木将草坪空间围合成半开敞空间

3．覆盖空间

覆盖空间通常位于树冠下与地面之间，通过植物树干的分枝点，以浓密的树冠来形成空间感。高大的常绿乔木是形成覆盖空间的良好材料，此类植物不仅分枝点较高，树冠庞大，而且具有很好的遮阴效果，树干占据的空间较小，所以无论是一棵几丛还是一群成片，都能够为人们提供较大的活动空间和遮阴休息的区域。此外，攀缘植物利用花架、拱门、木廊等攀附在其上生长，也能够构成有效的覆盖空间（见图2-25）。

4．封闭空间

封闭空间是指人处于的区域范围内，四周围用植物材料封闭，这时人的视距缩短，视线受到制约，近景的感染力加强，景物历历在目可以产生亲切感和宁静感。小庭园的植物配置宜采用这种较封闭的空间造景手法，而在一般的绿地中，这样小尺度的空间私密性较强，适宜于年轻人私语或者人们独处和安静休憩（见图2-26）。

图2-25 茂密的树枝以及藤本都可能将天空遮蔽

图2-26 构筑物以及植物造景营造空间的私密性

5．垂直空间

用植物的封闭垂直面以及开敞顶平面，就形成了垂直空间，分枝点较低、树冠紧凑的中小乔木形成的树列、修剪整齐的高树篱都可以构成垂直空间。由于垂直空间两侧几乎完全封闭，视线的上部和前方较开敞，极易产生"夹景"效果，来突出轴线顶端的景观，狭长的垂直空间可以引导游人的行走路线，对空间端部的景物也起到了障丑显美、加深空间感的作用。在纪念性园林中，园路两边常栽植松柏类植物，人在垂直的空间中走向目的地瞻仰纪念碑，就会产生庄严、肃穆的崇敬感（见图2-27）。

图2-27 修剪得整整齐齐的柏树将空间引向上

6. 四季动态空间

这里所说的四季动态空间包括随季相而变化的空间和植物年际动态变化空间。一切物质存在的基本形式就是空间和时间，而时间通常被称为四维度空间，因此植物的空间分类中，不可能离开时间这个概念。也就是说，它不可能离开年复一年的年际变化，也不可能离开春夏秋冬的季相变化。植物随着时间的推移和季节的变化，自身经历了生长、发育、成熟的生命周期，表现出了发芽、展叶、开花、结果、落叶及由小到大的生理变化过程，形成了叶容、花貌、色彩、芳香、枝干、姿态等一系列色彩上和形象上的变化，并构成了"春花含笑""夏绿浓阴""秋叶硕果""冬枝傲雪"的四季景象变化（见图2-28）。植物时序景观的变化极大地丰富了园林景观的空间构成，也为人们提供了各种各样可选择的空间类型。落叶树在春夏季节是一个覆盖的绿荫空间，秋冬季来临，就变成了一个半开敞空间，满足人们在树下活动、晒阳的需要。秋天的香山总有中外游客纷至沓来欣赏它的遍山红叶；"最爱湖东行不足，绿杨荫里白沙堤"是说春天在白堤的垂柳树下行走是怎么走也走不够的。每种植物或是植物的组合都有与之对应的季相特征，在一个季节或几个季节里它总是特别突出，熠熠生辉，为人们带来了最美的空间感受。不仅这样，园林植物处于变动不居的时间流之中，也在变化着自己的风貌，变化着似乎凝固了的形象。其中变化最大的就是植物的形姿，从而影响了一系列的空间变化序列。比如苏州留园中的"可亭"两边有两株银杏，原来矗立在土山包上形成的是垂直空间，但植物经过几百年的生长历史，树干越发

春天百花争艳的季节

夏天宁静绿色的季节

秋天金灿灿的季节

冬天万籁寂静的季节

图2-28 春夏秋冬四季景观特征明显

高挺，树冠越发茂盛，渐渐转变成了一个覆盖空间，两棵银杏互相呼应地荫庇着娇小的可亭，与可亭在高度上形成了强烈的对比。

二、营造群体视觉冲击

1. 不同品种植物群体效果

植物形态上大小不一、形态各异、色彩纷呈，合理地组合起来可以创造出美妙的植物组景。通过艺术手法将高低错落的各种植物材料由远及近的平面布置，在立体空间上自上而下创造丰富的立面；根据植物材料形态特征结合场地特征或作为群体背景配置或作为主景孤植形成视觉焦点；色彩的合理搭配可以创造很强的视觉冲击力，综合利用植物各自的优点，创造单体植物不能营造的缤纷色彩（见图2-29）。

2. 同一品种植物群体效果

同一种植物可以创造出宏伟的气势，因为色彩单一、形态单一，所以可以创造统一的景观，应用的植物数量越多，越能形成整齐与磅礴气势（见图2-30）。

图2-30　同一种植物群体气势

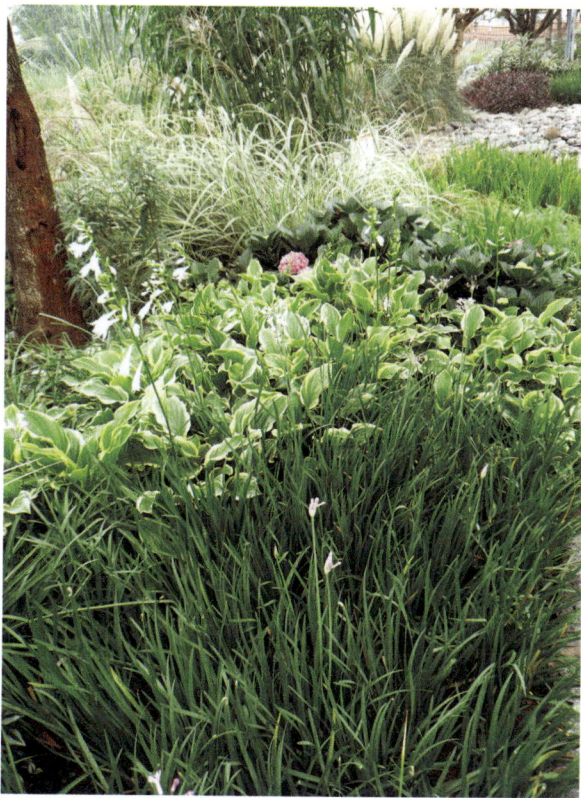

图2-29　各种植物材料尽显其美丽的特征

第三章

各类植物景观设计形式

第一节 乔木（包括棕榈、竹类）

乔木在植物中体量最大，也是外观视觉效果最明显的植物类型。乔木是种植设计的基础和主体，通常在植物景观配置中占主要角色，尤其是在大型园林景观中，乔木景观几乎决定了整个园区的植物景观效果，形成整个园景的植物景观框架。

一、乔木特性及其配置原理

1．乔木特性

乔木生长周期长、园林价值高，随着树龄的增长，乔木的价值也随之增加。在乔木设计中应特别关注其功能、品种及生态习性以配合选择种植地点，合适的种植条件会使树木保存得更长，景观效果更好，为空间增添更多的美感和价值。大乔木遮阴效果好，可以屏蔽大面积城市生硬的建筑线条；中小乔木宜作背景和风障，也可用来划分空间、框景；尺度适中的树种适合做主景或点缀之用。各种乔木有着各自的特点，根据景观、功能要求选择适合的乔木，总体来说乔木有以下特点。

（1）树荫

枝叶茂盛的慢生品种最大化地提供树荫，该类植物可以种植在建筑物的近旁而不用担心被破坏。但速生且分枝较少的树种不宜种植在建筑物的附近，因为在冰雹或暴风雪的天气可能会受到损害（见图3-1、图3-2）。

（2）框景

多数直立式植物或枝叶边缘较高的植物在特定的视线范围内可以形成一个区域或建筑物的"框"。这样的树应种在建筑物前方的角落或草坪的边缘，给整个空间或建筑物增添相框的景观效果（见图3-3、图3-4）。

图3-1 烈日下的树荫格外珍贵

图3-2 树荫下布置休息椅子恰到好处

图3-3 树的枝干将景物圈在其中

图3-4 两棵红枫树干及枝叶将景观框在其中

（3）屏障

树木的枝叶具有遮挡视线的功能，在景致不雅的地方可以通过栽植植物的方式进行遮掩。通过色彩美丽的植物群配置，将观赏者的视线吸引开（见图3-5）。

（4）生长特性

每一种植物都有其自身的生长速度，生长缓慢的树种常常一年长不了3cm。中等生长速度的树木在生长季节可长出6cm的新枝。生长迅速的品种每年可长出6cm以上，这样的树种可以种植在人口

图3-5 层层植物将粗俗的景致阻挡在视线之外

密度较大的区域，如城市中心公园、居住区，或用作行道树等，因为它们可以很快提供树荫。但同时考虑间植些中慢生树种，以满足10年或15年以后景观和功能的需求。环境中所用树木的尺寸大小由成熟期树的高度及其枝干的伸展范围和设计空间大小来确定。外形较小的植物一般成熟期不超过5m高，常适合于小型的花园和微型园林布局。中等大小的植物通常成熟期可以长到5～12m高，在城市园林绿地中经常使用。大型的乔木成熟期可以长到15m甚至更高，只有种植在宽敞的地方，其枝干才不会相互干扰。

2. 配置原理

乔木在配置时首先应考虑场地的需要，看场地要突出哪方面的功能：观赏性、实用性还是生态功能。如果需要突出观赏性，则选择形态优美或色彩丰富，具有美丽的花朵、果实，树干散发芬芳的树种；如果突出使用性，则考虑更多的能提供树荫的植物；如果突出生态功能，则考虑枝叶茂盛生态效益好或耐贫瘠可在城市恶劣的人工环境中茁壮生长的乔木种类。

每一株乔木所占的场地宽度不一样，在选择时应该充分考虑。植物配置时应充分考虑每一株植物的生理特性、形态特征以及观赏特性，结合场地的大小、功能需求选择合适的植物种类和数量。

乔木配置根据场地要求先确定基调树种（一般在3～5种），不宜太多，然后在其中点缀异质类乔木（根据场地大小及特征、功能要求一般在5～30种不等）（见图3-6）。

图3-6　乔木层配置时先确定基调树种再进行其他物种点缀

二、乔木景观配置

1. 孤植

孤植也称独植，指将树形优美或有较高观赏价值的植物单独种植，以便多角度观赏。适合孤植的树种特征为：姿态优美或体形高大雄伟或冠大荫浓、叶色独特、花大色艳或芳香、果实美丽、树干颜色突出等。适合孤植的植物有：朴树、桂花、黄连木、银杏、枫香、雪松、香樟、榕树、樱花、广玉兰、槐树、七叶树等。孤植树一般栽植在空旷的草地上、宽阔的湖池岸边、花坛中心、道路转折处、角隅或缓坡等处（见图3-7）。

图3-7　树形优美色彩丰富的乔木常常用作孤植

2．列植

列植指同类植物沿着一条直线（曲线）种植。多选用树干挺拔的树木或剪形绿篱。适合列植的植物有：柏树、银杏、松树、小叶榕、棕榈类植物等，多用在道路、街边、河岸、沿墙等现状场地（见图3-8）。

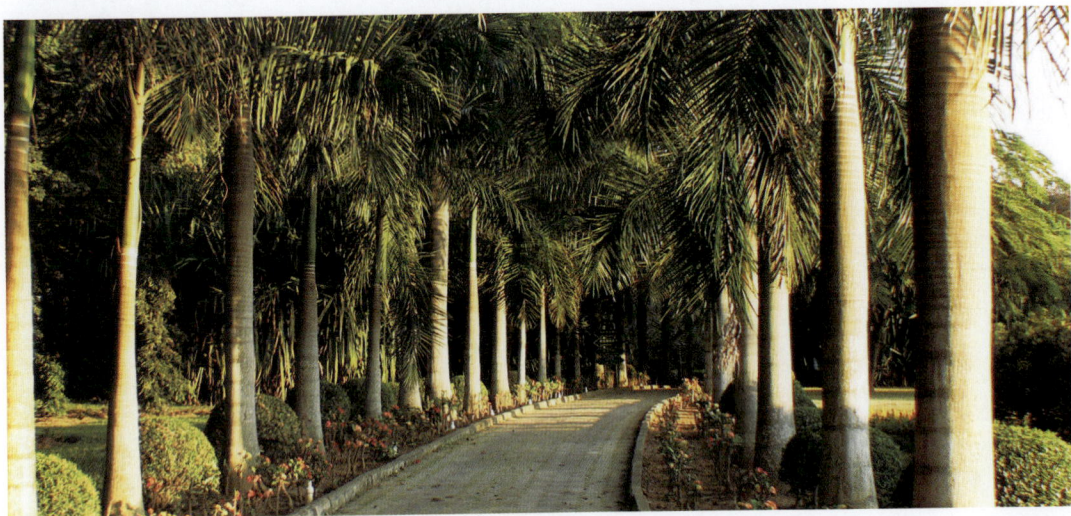

图3-8　两列椰树形成夹道序列

3．丛植

丛植是指将一种或多种植物按照一定的组合种植并模拟自然群落分布的一种人工栽植方式。一般按照针、阔叶树搭配，常绿和落叶树搭配，乔、灌、草搭配，形成具有丰富的林冠线和春花、夏绿、秋色（实）、冬姿季相变化的栽培群落。一般用在面积稍小的场地。丛植所需树木较多，少则三五株，多则二三十株。植物种植就近场地三株、四株、五株布置，最常见的方式是采用不对称平衡原理种植或规则式种植（见图 3-9～图3-12）。为了体现植物的某一特征优势，常采用同种树木来体现植物的群体效果，当采用不同种植物丛植组成一个群体时，应从生态、视觉等方面考虑，如喜阳种类宜占上层或建筑南面，耐阴种类宜做下木或栽种在群体的北面（见图3-13）。

图3-9　丛植椰树的景观效果

规则式　　　　　　自然式

图3-10　丛植配置方式
资料来源:《园林景观设计》。

图3-11　树木林植形成林荫效果的配置方式
资料来源:西蒙兹《景观设计学》。

图3-12　模拟自然界植物的配置方式
资料来源:西蒙兹《景观设计学》。

图3-13　竹子丛植形成稀疏的林荫效果

4．群植

群植是更大规模的植物群体设计,群体可由单层同种组成,也可由多层混合组成,由一种树木或多种树木成片种植,呈纯林和混交林两种形式。多层混合的群体在设计时也应考虑种间的生态关系,最好以当地自然植物群落结构作为种植设计的理论基础。整个植物群落的造型效果、季相色彩变化、林冠林缘线的处理、林的疏密变化等也都是较大规模种植设计中应考虑内容。群植一般用在面积很大的场地。在森林公园中表现为风景林,在城市园林中一般出现在较大的公园、林荫道、小

图3-14 公园中群植效果

图3-15 湖边植物的群植效果

型山体、较大水面的边缘等（见图3-14、图3-15）。植物丛植或群植时，应综合考虑植物材料间的形态和生长习性，既要满足植物的生长需要，又要保证能创造出较好的视觉效果，以及使用需求与设计主题和环境的一致性。庄严、宁静的环境配置宜简洁、规整；自由活泼的环境植物配置宜富于变化；有个性的环境植物配置宜以烘托为主，忌喧宾夺主；平淡的环境宜用色彩、形态对比较强烈的植物进行配置；空旷环境的植物配置应集中，忌散漫。

第二节　灌木

灌木是人体尺度最佳观赏点的植物群体，很多灌木都具有优美的树形和秀丽的花朵，是人们步行途中最美的风景线，也是植物景观中的观赏重点。

一、灌木特性及其配置原理

1．灌木特性

在植物学中灌木与乔木的区别在于其根的生长状态为丛生状（乔木是独立径），而大部分灌木的高度在乔木以下草本以上。所以灌木常常作为乔木设计的补充层，其设计功能与乔木也很相似。总体来说灌木有以下特点。

（1）框景

通过地形或建筑物的支持，将灌木种在景点的两侧，形成一幅美丽动人的画卷。但由于灌木最具有近距离观赏特性，因此可以反其道而处理，即将画卷中央部分简单处理或弱化、虚化，而将"画框"处理得较为饱满。

（2）屏障

灌木是和人体尺度最接近的植物类型，所以用灌木遮挡住不需要的景色，是最能实现屏障作用的景观处理方式。另外大型的灌木可以遮挡不需要的景色，或形成通向园林空间的视觉走廊。小型或中型灌木可以结合地形及建筑物作为屏障。

（3）特色景观

花灌木观赏特性较强，常常作为景点的重点点缀使用，从而形成植物景观特色。如茶花、牡丹、杜鹃花等都是花大色艳，品种繁多，可以专门成立专类植物园，以供参观学习。

2．配置原理

灌木处于植物群落中的中层，和人的视线平行，在设计时考虑植物的这种特征恰到好处的布置植物的位置，将植物点缀其间，形成凹凸有秩自然过渡的布局方式。很多耐修剪的植物还当作地被处理，修剪的如地毯般平整的绿篱，其实比起草花来具有更高的观赏价值。如采用杜鹃进行修剪，可作为地被处理，当春天来临，白的、粉的、黄的、红的花儿满满地铺了一层犹如花的雕塑或海洋给人以震撼。

二、灌木景观配置

1．点植

许多花灌木观赏性很强，是人们视线聚集的焦点，在乔木作为上层植物配置好之后，这些灌木就点缀在单调背景之前，增添场所的观赏性（见图3-16）。

2．群植

图3-16　灌木点植在乔木前，填充乔木与草坪的空白

较单一（或呈季相性变化特征明显、或花色叶色艳丽等）的灌木类型群植往往可以产生整体美的效果。如将夏鹃群植并修剪整齐，可以形成大色块的效果，在其上设置木栈道，身临其间犹如置身花海间；又如红花继木、金叶女贞等色叶植物按照一定设计图纹边界群植并将植物修剪平整，形成如彩带般的紫色和金黄（见图3-17～图3-18）。

图3-17　灌木群植并修剪整齐形成绿篱

图3-18　水边的杜鹃花群植形成繁花似锦的团簇效果，其倒影加强了这种效果的感染力

第三节　草本

草本植物是最柔美、最艳丽的植物类型，为灰色的城市平添了几许色彩，在节假日或重要的日子里，鲜艳的花卉是植物中的佼佼者和主角。

一、草本特性及其配置原理

1．草本特性

草本为一年生或多年生植物，植株高度一般在10～60cm之间，是最矮的植物类型。草本是植物群落中的基底，是和道路（人的立点）最近的植物种类。

2．配置原理

由于花草是一年或多年生植物，需要经常打理，而且植株矮小，所以经常将花草布置在灌木的最外沿，靠近人们行走的位置。花草色彩鲜艳，通常在节庆日作为临时用摆设。通常将同一色彩的花摆放到一起，以量美来打动观者。将不同色彩的植物按照设计花纹进行种植或摆设，形成感染力极强的图案或纹理。很多花卉植物还用于花卉立体雕塑中，按照色彩的需求将花卉植物在设计好的雕塑中种植上去，形成生动的人物、动物、建筑物等形象极佳的立体空间，生动地表现出场景特征。

图3-19　花盆种植效果

二、草本景观配置

1．花盆

将草本植物种植在花盆中，通过观赏花盆及其中的花卉植物为目的的种植形式，根据植株大小配置不等的花盆大小，通常用于节庆日主要城市景观点或企事业单位出入口以及家庭用花。多用于临时设施如廊柱、小品装饰等（见图3-19）。

2．花坛

花坛一般多设于广场和道路的中央、两侧及周围等处，主要在规则式布置中运用，多作为主景。花坛花卉要求长期保持鲜艳的色彩和整齐的轮廓，因此多选用植株低矮、生长整齐、花期集中、株丛紧密而花色艳丽的种类（见图3-20）。

图3-20　花坛种植效果

3．花带

将花卉植物成线形布置，形成带状的彩色花卉线。一般设置于道路两侧，沿着道路向绿地内侧排列，植株从最矮逐渐升高到绿地内侧，形成层次丰富的多条色带效果（见图3-21）。

4．花境

花境指根据自然风景林中林缘野生花卉自然散布生长的规律，依环境的不同将花卉按高低次序和色彩调配布置成直线或曲线，呈自然斑状混交。花境多采用宿根花卉和球根花卉。多形成以树丛、树群、矮墙或建筑物作背景的带状自然式布置（见图3-22）。

5．丛植

花丛，将花卉按照自然形态成丛状布置。花卉选择高低不限（见图3-23），常布置在开阔的草坪周围，自然曲线道路转折处或点缀于小型院落及铺装场地之中。

6．片植

片植，将花卉成片栽植，体现色块效果。很多旅游地区就是采用花卉植物的片植形成气势，具有很强的感染力，如云南罗平的油菜花海，每到3月份油菜花开的季节，一眼望去尽是满满的黄色。其他很多旅游区也仿照这种做法创造万亩花园，用量美结合生产创造旅游价值。片植花卉多采用色艳、开花整齐、株丛紧密的花卉材料（见图3-24）。

图3-21　昆明世博园入口花带

图3-22　花境效果

图3-23　草本丛植形成簇状效果

图3-24　粉色花海效果

7. 花雕

花雕，将色彩不同的花卉在已做好的模型上种植，形成雕塑的感觉，通过色彩的划分将立体空间表现的生动逼真，或模拟现实生活中的动物形态，或模拟抽象科学模型等，惟妙惟肖的描绘、丰富的色彩，让场景一下鲜亮起来。花雕这种植物造景虽然效果非常好，但由于财力物力投入较大以及景观效果维持的时间比较短暂，因此，常限于节庆日以及重要的日子才在公园等重要出入口以及城市的形象展示节点处摆设（见图3-25）。

图3-25　采用花卉植物雕塑成各种立体造型

第四节　藤本

一、藤本特性及其配置原理

藤本植物是一种最有柔性、可以向自然空间随意造型的植物类型，城市中很多空间狭窄而垂直面单调的室内外空间往往采用藤本植物进行垂直绿化美化。

1. 藤本特性

藤本指茎细长，缠绕或攀缘它物上升的植物。茎木质化的称木质藤本，如紫藤、叶子花、北五味子、葛藤、木通等；茎草质的称为草质藤本，如常春藤、何首乌、葎草、栝楼、丝瓜、白扁豆等。

2. 配置原理

藤本植物通常进行垂直绿化（立体绿化）或作为地被植物。作为垂直绿化通常是植于墙边或者花架、长廊边。木质藤本植物包括落叶和常绿两种，根据场地需要采用不同种类。

二、藤本景观配置

1. 片植

藤本片植形成地被效果，满满的将地面覆盖，如常用的常春藤、石斛、红薯等，采用藤本作为地被的优点是便于打理，选择适合的藤本可以一劳永逸，耐阴性藤本植物是很好的树荫地被植物，营造茂密的生态景观效果（见图3-26）。

图3-26　当作地被的藤本植物

2．攀缘点植

往往用于花架，沿着花架的柱子点植，形成攀缘效果。藤本植物沿着花架攀缘而上，将花架铺设的满满的，形成花架林荫，常常用在居住区绿地以及街边绿地中，供人们避暑歇息。点植藤本植物往往是木质藤本，常用的植物有：凌霄、三角花、蔷薇等（见图3-27）。

3．列植

往往用于墙面的绿化，成排种植，将墙面铺得满满的。通常可以绿化建筑墙面、挡土墙或形成特定的绿墙。常用的植物有常春藤、爬山虎等（见图3-28）。

图3-27　点植藤本植物，配合花架形成花廊

图3-28　列植成绿墙的藤本植物

第五节　水生植物

一、水生植物特性及配置原理

水生植物是指具有一定观赏价值，并经过栽培和养护的耐水湿的植物。从低等植物到高等植物都有，涉及植物种类繁多。目前分布于世界各地的水生植物有上千种，根据各自的生活习性，在淡水中生长的水生植物可分为浮水、浮叶、挺水、沉水四类，生长在海水中的水生植物叫海生类。淡水植物中一般整个植株浮生于水面者为浮水植物；根部生于泥中，只有叶片浮于水上者为浮叶植物；根部生于泥中，但叶片叶梗挺出水面者为挺水植物；整个植株都生活于水中，只有在花期时将花及少部分茎叶伸出水面者为沉水植物，也称观赏水草。还有生于海水中，并达到海滩上的海生植物，也称红树林。

随着人居环境日益恶劣，城市的生态遭到严峻考验，作为云集生物量最丰富的生态系统之一的湿地环境受到环境工作者的日益关注。出现了越来越多的湿地公园，而湿地公园的建设依赖于水生植物的营造，因而对于水生植物的审美及其生态习性的了解就非常重要。水生植物进行配置之前首先要了解湿地环境，根据湿地环境的土壤、空气、水分、温度、光照等因子的现状，结合不同类型的水生植物进行分配，在考虑生态环境的营造同时注意艺术的搭配，使湿地环境因地适景、四季有景，营造丰富的水生植物景观，同时这样的植物景观又会为水生动物及鸟类营造适宜生存繁衍的环境，形成丰富而完整的生态系统。

1．浮水植物

（1）浮水植物特性

浮水植物具有繁殖快、生长迅速的特点。在园林水景中，是不可多得的造景材料。浮水植物多用于湖面、小池塘、水缸中。由于浮水植物繁殖较快常常采用竹框、绳子等设施进行限制，控制其发展范围。浮水植物用在大面积水面时可以成片种植，而在小型池塘中宜和其他水生植物共同营造宁静的小环境水生景观。（见图3-29）

（2）浮叶植物配置原理

图3-29　奇特的睡莲轻盈地浮在如镜的水面，和着清晰的倒影如梦如幻

浮叶植物是水生植物的主要内容之一，也是湿地公园造景的主要元素之一，其中很多都是观花植物，为水景增添了不少色彩和情趣，那浮在水面的花朵娇艳欲滴，在翠绿叶片的映衬下更显娇姿。浮叶植物用在大面积水面时可以成片种植或成丛种植，在小型池塘中宜和挺水植物共同营造层次丰富的小环境水生景观，还可以在水钵中点放一两株为建筑环境增添了一丝禅意或宁静的安详，那幽静的芬芳就在这水环境间、在绿盘之上悄悄

蔓延，让人的思绪就这样随之徜徉（见图3-30）。

图3-30　睡莲是小池塘的常客，营造出幽雅的环境

图3-31　水中的挺水植物挺生而立于水面，维持着水环境良好的生态系统（一）

图3-32　水中的挺水植物挺生而立于水面，维持着水环境良好的生态系统（二）

图3-33　水中植物景观与旁边的木雕鳄鱼情景交融

2．挺水植物

（1）挺水植物生长特性

挺水植物是水生植物的主要内容之一，占据着水面、水岸各个植物配置要点，在水景的塑造中起着不可忽视的作用。从深水区到水岸，生态环境逐渐改变，顺应这个环境的变化，从出淤泥而不染的荷花到清秀可人的鸢尾，不同类型的挺水植物扮演着各自的角色。挺水植物种类繁多，单荷花就有多300个品种，让不同的水面都能尽显自己的个性。挺水植物如今广泛用于河道、湖泊、池塘、溪流沿岸及水中，从深水、浅水、水边、水岸不同层次逐渐展开，再配以置石形成虽由人做宛自天开的景象（见图3-31～图3-33）。

（2）挺水植物配置原理

适地适草，考察场地的气候、土壤特征、水质、水深浅，选择适合当地的水生植物，根据水环境的具体情况再次选择具体的植物；符合场所性质要求，在选择的植物中根据场所要求（追求生态效果、追求观赏效果）进行配置，如主要强调其生态效果，那么尽可能多的将植物种植其上，体现植物多样性，为引进水生动物做好准备；如重点突出观赏性，那么应将所选择的植物依色彩、株形（形态、高矮）、质感等进行分类，按照植物的层次搭配好后进行色彩配置。符合功能要求，场所的功能决定植物的类别和配置的形式。如果要求可进入观赏，那么重点考虑好管理、适合近距离观

赏的植物类型；配置时注重大片色彩和局部色彩的配置，注重近距离质感的观赏。如果要求不可进入观赏，则应重点突出成片色彩的配置，强调和周围环境的搭配。后期养护管理便捷，这是关键因素，任何设计成果得以实施和延续必须考虑这一要点。

二、湿地环境植物景观配置

城市环境中的湿地环境包括带状和面状两种，带状水环境分别表现在河道、溪流、瀑布的水流景观；面状水环境总体来说体现在湖泊、池塘、水潭。带状水环境的植物景观配置，突出特点为沿着河岸呈序列展开，结合水生态环境或以审美特征展开都能合理的延续。城市中的河道湿地景观的设计注意断面的演替和沿河序列的展开。考虑到河道一年四季水位又呈规律变化，因而在设计中常常把这些变化进行归类后形成枯水位、常水位、丰水位和50年一遇洪水位、百年一遇洪水位等。根据水位变化将植物配置分层设计，可以使河道时时有景又可避免由水位变化而引起的植物损害，从而避免经济损失。具体做法是，在枯水位种植耐淹的水生植物；在常水位种植耐湿的湿生植物；在丰水位可种植旱湿均可的植物。城市公园中的溪流是城市带状水环境景观的典型类型之一，溪流不仅有流动的姿态美，其潺潺流动的声音以及击石的敲打声可让人的心灵得到圣洁的慰藉。溪流边的植物在这水流的冲击下摇曳生姿，这种舞姿般的摇动引领着生命的赞歌，午后在溪边小石上轻轻一坐，可能整个下午的光阴就这样随着流水的潺潺声流逝。植物在小溪边的角色应该是配合妖娆的流水使之若隐若现，同时用自己鲜明的色彩、质地强化水景的秀美。溪流的水一般较浅，在溪流中央不宜种植植物，但在靠近岸边，水流平缓处可种植浅水性的挺水植物，而在急流处则不宜种植，只在岸边点缀蕨草、海芋等质感和形态都比较有特点的植物（见图3-34、图3-35）。面状水环境的植物景观配置要注重块的搭配，并结合周边的景致合理造景。由于面状的水以静水为多，植物配置常常要考虑水面的宁静气氛的营造以及和其倒影构图。湖泊是较大的面状水，该类水景的植物配置注重面的气势，常常成片栽植荷花、睡莲或其他浮水植物、浮叶植物。但不能铺满整个湖面，而是以占据水面面积1/3～2/3为宜，植物部分处于水中，部分靠岸种植，使这种植物景观在水中，在岸边都能展现其不同的姿态。在舒缓地的沿岸边上还可种植成片的挺水植物，如鸢尾、菖蒲以及球根类花卉（水仙、郁金香等）。池塘是城市中等尺度的面状水环境，在设计时考虑远距离和近距离的观赏，根据水面大小在水中可以点缀几丛荷花、睡莲或其他浮水植物、浮叶植物。在沿岸可以将植物材料和置石配置，营造小环境的水景。在岸上配以湿生乔木，共同构成水景的层次。水潭是最小面积的面状水环境，该类水景主要强调小环境的宁静，由于面积较小不宜种植成片的荷花、睡莲或其他浮水植物、浮叶植物。如果一定要种，那么配置就得简单些，植物应该少而精致，每种植物都是这里的主角，每个色彩都是这里的重要色调。因此这里宜选择株形优美、质感丰富、色彩绚烂的植株，如海芋、菖蒲、鸢尾等（见图3-36～图3-38）。

图3-34　流动的小溪周边茂盛的野草与花卉让整条溪流充满了灵气

图3-35　攀缘的藤本与石头上的青苔丰富了小溪的景观

图3-36　水潭边上水生植物湿地景观

图3-37　水池边上茂盛的湿地植物景观

图3-38　西双版纳热带植物园的湿地植物景观

第四章

园林植物景观设计的生态基础及城市环境

第一节　园林植物景观设计的生态基础

园林植物生长环境中的温度、水分、光照、土壤、空气等各种生态因子都会对植物的生长发育产生重要的影响，因此，研究环境中各种因子与植物的关系是园林植物景观设计的理论基础。

某种植物长期生长在某种特定环境里，受到特定环境条件的影响，通过新陈代谢，于是在植物的生活过程中就形成了对某些生态因子的特定需要，并在进化过程中固定下来称为其生态习性。如苔藓类植物喜欢阴凉潮湿的环境。又如仙人掌耐旱不耐寒。具有相似生态习性和生态适应性的植物就属于同一个植物生态类型，如水中生长的植物叫水生植物，耐干旱的叫旱生植物，需在强阳光下生长的叫阳性植物，能在盐碱土上生长的叫盐生植物等。

因此，园林植物造景要充分考虑植物的生态习性：不同植物与环境之间存在不同的生态关系，不同植物之间，以及与动物之间也有不同的生态关系。

环境中各生态因子对植物的影响是综合的，也就是说，植物是生活在综合的环境因子中，并与其他生物共生共存。缺乏某一因子，或光、或水、或温度、或土壤，植物均不可能正常生长或不能很好地生长。

环境中各生态因子是相互联系和制约的，并非孤立的。温度的高低和地面相对湿度的高低受光照强度的影响，而光照强度又受大气湿度、云雾所左右。

尽管组成环境的所有生态因子都是植物生长发育所必需的，缺一不可的，但对某一种植物，或者某种植物的某一生长发育阶段的影响常常有1～2个生态因子起决定性作用，这种起决定性作用的因子叫"主导因子"，而其他因子则都是从属于主导因子而起综合作用的。如望天树是热带雨林的植物，其主导因子是高温高湿；仙人掌是热带稀树草原植物，其主导因子是高温干燥，这两种植物离开了高温环境都要死亡。又如高山植物长年生活在云雾缭绕的环境中，在引种到低海拔平地时，空气湿度是其存活的主导因子，因此，将其种在树荫下一般较易成活。植物对不同生境的需求也就形成了自然界中不同生境的植物景观。反过来，我们的植物景观设计又要尊重植物本身的需要，遵守长期进化演变形成的自然规律。下面列举一些不同生态环境中生长的植物种类。

棕榈科中绝大部分种类都要求生长在温度较高的热带和亚热带南部地区的气候条件下，如椰子、伊拉克蜜枣、油棕、皇后葵、槟榔、短穗鱼尾葵、国王椰子、霸王棕、长叶刺葵、大王椰子、酒瓶椰子、蒲葵、丝葵、棕榈、鱼尾葵、散尾葵、糖棕、假槟榔等，众多的棕榈科植物创造了美丽的热带风光；落叶松、云杉、冷杉、桦木类等则要求生长在寒冷的北方或高海拔处；桃、梅、马尾松、木棉等要求生长在阳光充足之处；铁杉、金粟兰、阴绣球、虎刺、草珊瑚、蕨类植物、冷水花、紫金牛、六月雪等喜欢蔽荫的生长环境；杜鹃、山茶、栀子花、白兰等喜欢酸性土；在盐碱土、干旱的荒漠上则生长着柽柳、光棍树、龙血树、胡杨等；而莲、睡莲、菱、芡实、萍蓬草、芦苇、番蒲、莕菜等则生长在湖泊、池塘中。

一、温度因子

温度是植物极重要的生活因子之一。地球表面温度变化很大：空间上，温度随海拔纬度的升高而降低，随海拔纬度的降低而升高；时间上，一年有四季的变化，一天有昼夜的变化，都伴随着温度的变化。

温度的变化直接影响着植物的光合、呼吸、蒸腾等生理过程。每种植物的生长都有最低、最适、最高温度，称为温度三基点。热带植物如椰子、橡胶、槟榔等要求日平均温度在18℃以上才能开始生长；亚热带植物如柑橘、枫香、桂花、含笑、香樟、油桐、竹等在15℃左右开始生长；暖温带植物如桃、紫叶李、槐等在10℃甚至不到10℃就开始生长；温带树种紫杉、白桦、落叶松、云杉在5℃时就开始生长。一般植物在0～35℃的温度范围内，随温度上升生长加速，随温度降低生长减缓。热带干旱地区植物能忍受的最高极限温度为50～60℃左右，原产北方高山的某些杜鹃花科的小灌木，如长白山自然保护区的牛皮杜鹃、苞叶杜鹃、毛毡杜鹃都能在雪地里开花。

原产冷凉气候条件下的植物，每年必须经过一段休眠期，并要在温度低于5～8℃时才能打破休眠，不然休眠芽不会轻易萌发。为了打破休眠期，桃需400小时以上低于7℃的温度，越橘要800小时，苹果则更长。

过度的低温会使植物遭受寒害和冻害。在低纬度地方，某些植物即使在温度不低于0℃时也能受害，称之寒害。1975～1976年冬春，全国各地很多植物普遍受到冻害，而昆明更为突出，主要是那次寒潮是早而突然，1天内共降温22.6℃，使植物不能很好地适应。春寒晚而多起伏，寒潮期间低温期长，昼夜温差大，绝对最低温度在零下的日数多，受害最严重的是从澳大利亚引入作为行道树种的银桦和蓝桉，而产于当地的乡土树种多数安然无恙。

1991年12月25日至31日，湘潭、长沙、株洲等地普降大雪，降雪深度为200mm。12月28日晚至29日清晨6小时左右温度低于-13.1℃，给当地农业、林业造成不可估量的损失，冻害为历年少见。

据累计调查树木42科103种，19594株的结果，常绿树无冻害且抗寒性强的有：凤尾兰、石楠、杉木、湿地松、油茶、柏木、白槠木、赤楠、栀子、千头柏、龙柏、铅笔柏、绒柏、雪柏、四月斑竹、广玉兰、海桐、柳杉、罗汉松、蚊母、匍地柏、杨梅、构骨、黑松、藤本七里香等。

落叶树无冻害且抗寒性强的有：池杉、紫薇、白玉兰、泡桐、水杉、紫荆、国槐、白鹃梅、紫玉兰、凌霄、贴梗海棠、青枫、红枫、合欢、无患子、红叶李、紫叶桃、马褂木、鸡爪槭、银杏、梅花、柿、木槿、郁李、梧桐、柳树、枫杨、法国梧桐、枫香、木绣球、金银花、爬山虎等。

因此，园林植物造景应尽量提倡应用乡土树种。如椰子在海南岛南部生长旺盛，硕果累累，到了北部则果实变小，产量显著降低，在深圳不仅不易结实且经常有落果现象。又如凤凰木原产热带非洲，在当地生长十分旺盛，花期长而先于叶放。引至海南岛南部后花期明显缩短，有花叶同放现象，引至深圳则大多变成先叶后花，花的数量明显减少，甚至只有叶片不开花，大大影响了景观效果。

温度会影响植物的质量。如一些果实的果型变小、成熟不一、着色不艳（如椰子、柑橘类）。

在实践中，常通过调节温度来控制花期，以满足造景需要。如桂花是属于亚热带植物，在北京盆栽通常在9月份开花。在北京，桂花花芽常于6月、8月初在小枝端或老干上形成，当高温的盛夏转入秋凉之后，花芽就开始活动膨大，夜间最低温度在17℃以下时就要开放。通过提高温度就可以控制花芽的活动和膨大。

四季变化最大的可能算是温度，从夏天的三四十摄氏度到冬天的−40℃，景色变化显著。

自古诗人留下不少诗句反映物候、温度变化与植物景观的关系。如南宋诗人陆游的《初冬》诗："平生诗句领流光，绝爱初冬万瓦霜，枫叶欲残看愈好，梅花未动意先香……"。由于我国地域广阔，各地温度和物候差异很大，所以植物景观变化很大。唐朝宋之问写的《寒食还陆浑别业》诗中写道："洛阳城里花如雪，陆浑由中今始发"。最有名的白居易《大林寺桃花》诗："人间四月芳菲尽，山寺桃花始盛开"，其海拔约在1100～1200m，估计平均温度要比山下低5℃，春季的物候可能就要相差20天之多。白居易还在《溢浦竹》的诗中写道："当阳十月天，天气仍湿焕，有霜不杀草，有风不落木……吾闻晋份间，竹少重如玉"。白居易是北方人，看到南方竹林如此普遍，感到惊异。

植物景观依季节不同而异。一般来说季节的划分是根据每五天为一"候"的平均温度作为划分标准，如以每候平均温度10～22℃为春秋季，22℃以上为夏季，10℃以下为冬季的话，则我国主要城市四季长短及起始期见表4−1。

表4−1　　　　　　　　　　　　我国主要城市四季长短及起始期

城市名	春始	日数	夏始	日数	秋始	日数	冬始	日数
深圳	11月1日	170	4月20日	195				
昆明	1月31日	315			12月12日	50		
福州	10月18日	205	5月11日	160				
重庆	2月15日	80	5月6日	145	9月28日	80	12月17日	60
汉口	3月17日	60	5月16日	135	9月28日	60	11月27日	110
上海	3月27日	75	6月10日	105	9月23日	60	11月22日	125
北京	4月1日	55	5月26日	105	9月8日	45	10月23日	165
沈阳	4月21日	55	6月15日	75	8月29日	50	10月18日	185
乌鲁木齐	4月26日	50	6月15日	65	8月19日	55	10月13日	195

资料来源：〔美〕理查德·L·奥斯汀. 植物景观设计元素. 北京：中国建筑工业出版社。

由表4−1可知深圳、广州夏季长达6个半月，春、秋连续不分，长达5个半月，没有冬季；昆明因海拔高达1900m以上，夏日恰逢雨季，实际上没有夏季，春秋季长达10个半月，冬季只有一个半月；东北夏季只有两个多月，冬季6个半月，春秋3个多月。由于同一时期南北地区温度不同导致植物景观差异很大。

春季：南北温差大，当北方气温还较低时，南方已春暖花开。如杏树分布很广，南起贵阳，北至东北的公主岭。从1963年记载的花期发现，除四川盆地较早外，贵阳开花最早，为3月3日，公主岭最迟，为4月20日，南北相差48天。从南京到泰安的杏树花期中发现，纬度每差1°，花期平均延迟约4.8天。又据1979年初春记载，西府海棠在杭州于3月20日开花，北京则于4月21日开花，两地相差32天。

夏季：南方温差小，如槐树在杭州于7月20日始花，北京则于8月3日开花，两地相差13天。

秋季：北方气温先凉。当南方还烈日炎炎时北方却已秋高气爽了，那些需要冷凉气温才能于秋季开花的树木及花卉就比南方要开得早。如菊花虽为短日照植物，但14～17℃才是始花的适宜温度。据1963年的物候记载，菊花在北京于9月28日开花，在贵阳则于10月底始花，南北相差一个月。此外，秋叶变色也是由北向南延迟。如桑叶在呼和浩特于9月25日变黄，在北京则于10月15日变黄，两地相差20天。

由于温度的不同，形成了热带、温带和寒带等不同的气候带，也就形成了不同的植物景观。我国最北属寒温带，最南端则属热带，全国展现出不同气候带丰富多彩的植物的景观。

二、水分因子

水与植物景观有很紧密的关系。水分是植物体的重要组成部分。一般植物体都含有60%～80%，甚至90%以上的水分。植物对营养物质的吸收和运输以及光合、呼吸、蒸腾等生理作用，都必须在水分的参与下才能进行。水是能影响植物形态结构、生长发育、繁殖及种子传播等的重要的生态因子。因此，水可直接影响植物是否能健康生长，也因此具有多种特殊的植物景观。

自然界降水的状态有固体状态（雪、霜、霰、雹）、液体状态（雨水、露水）、气体状态（云、雾等）。雨水是降水的主要形式，因此年降雨量、降雨的次数、强度及其分配情况均直接影响植物的生长与景观形成。

水分因子，对于植物而言，包括空气中的水—空气湿度，土壤中的水—土壤含水量和水生环境——即江、河、湖、海等水体，这三种水分因子既有区别又有关联。空气湿度对植物生长起很大作用。园林植物造景要充分考虑空气湿度。在云雾缭绕的高山上，有着千姿百态的各种观赏植物，它们长在岩壁上、石缝中、瘠薄的土壤母质上，或附生于其他植物上。这类植物没有坚实的土壤基础，它们的生存与较高的空气湿度却是休戚相关，如在高温高湿的热带雨林中，高大的乔木上常附生有大型的蕨类如鸟巢蕨、岩姜蕨、书带蕨、星蕨等，植物体呈悬挂、下垂姿态，抬头观望，犹如空中花园，这些蕨类都发展了自己特有的储水组织。在海南岛尖峰岭自然保护区，由于树干、树杈以及地面长满苔藓，地生兰、气生兰到处生长。北京植物园的展览温室中创造出相对空气湿度高于80%的人工环境来进行人工的植物景观创造，一段朽木上就可以附生很多花色艳丽的气生兰、花叶兼美的凤梨科植物以及各种蕨类植物。

园林植物造景还应考虑到由于不同的植物种类长期生活在不同水分条件的环境中，形成了对水分需求关系上不同的生态习性和适应性。根据植物对水分的关系，可把植物分为水生、湿生（沼生）、中生、旱生等生态类型。它们在外部形态、内部组织结构、抗旱、抗涝能力以及植物景观上都是不同的。

园林中有不同类型的水面：河、湖、塘、溪、潭、池等，不同水面的水深及面积、形状不一，必须根据植物本身特性，选择相应的植物来美化。

水生植物中，有沉水植物、浮水植物和挺水植物，因此，在水面上形成了很不同的景观。

还有一些湿生植物，这类植物的根常没于浅水中或湿透了的土壤中，比较能适应水湿的环境，如果空气或土壤中水分太少则不利生长，在园林植物造景中可用的有落羽松、池杉、墨西哥落羽松、水松、水椰、红树、白柳、垂柳、旱柳、黑杨、枫杨、二花紫树、箬棕属、沼生海枣、乌桕、白蜡、山里红、赤杨、梨、楝、三角枫、丝棉木、柽柳、夹竹桃、榕属、水翁、千屈莱、黄花鸢尾、驴蹄草等。

在干旱的荒漠、沙漠等地区生长着很多抗旱植物，如海南岛荒漠及沙滩上的光棍树、木麻黄，伴随着龙血树、仙人掌等植物生长。一些多浆的肉质植物，在叶和茎中储存大量水分，如西非猴面包树，树干最粗可达40人合抱，可储水40吨之多；南美洲中部的瓶子树，树干粗达5m，也能储大量水分；北美沙漠中的仙人掌，高可达15～25m，可蓄水2吨以上。

用光棍树、沙漠玫瑰、金琥、擎天柱、鲨鱼掌、星云、绯牡丹等组合搭配，可以形成优美的沙漠风情。

在我国，樟子松、小春杨、小叶杨、小叶锦鸡儿、柳叶绣线菊、雪松、白柳、旱柳、构树、黄檀、榆、朴、胡颓子、山里红、皂荚、柏木、侧柏、桧柏、臭椿、杜梨、槐、黄连木、君迁子、白栎、栓皮栎、石栎、苦槠、合欢、紫藤、紫穗槐等都很抗旱，可以创造很好的旱生景观。

三、光照因子

1．概述

植物在光合作用过程中依靠叶绿素吸收太阳光能，并利用光能把二氧化碳和水加工成糖和淀粉，并放出氧气，这是植物与光最本质的联系。光的强度、光质以及日照时间的长短都影响着植物的生长和发育。

由于适应不同的光强，植物形成其自身的某种特性，反过来，它们又对光强产生了不同的要求。

2．植物对光照强度的要求

根据对光照的要求，传统上将植物分成阳性植物、阴性植物和居于这二者之间的耐阴植物（见表4-2）。

表4-2　　　　　　　　　　常见喜阳、耐阴和中性植物一览表

耐阴程度	常见的植物种类
喜阳植物（阳光充足条件下才能正常生长）	大多数松柏类植物、银杏、广玉兰、鹅掌楸、白玉兰、紫玉兰、朴树、榆树、楝木、毛白杨、合欢、鸢尾、牵牛花、假剑草、结缕草等
耐阴植物（蔽荫条件下才能正常生长）	罗汉松、花柏、云杉、冷杉、甜槠、福建柏、红豆杉、紫杉、山茶、栀子花、南天竹、海桐、珊瑚树、大叶黄杨、蚊母树、迎春、十大功劳、常春藤、玉簪、八仙花、早熟禾、麦冬、沿阶草等
中性植物	柏木、侧柏、柳杉、香樟、月桂、女贞、小蜡、桂花、小叶女贞、丁香、红叶李、棣棠、夹竹桃、七叶树、石楠、麻叶绣球、垂丝海棠、樱花、葱兰、虎耳草等

资料来源：［美］理查德·L·奥斯汀.植物景观设计元素.北京：中国建筑工业出版社。

（1）阳性植物

通常要求较强的光照，不耐蔽荫，一般需光度为全日照70%以上的光强，在自然植物群落中，常为上层乔木。如木棉、桉树、木麻黄、椰子、芒果、杨、柳、桦、槐、油松及许多一二年生植物。阳性植物如果给予蔽荫会生长不良甚至死亡，造景时须考虑将阳性植物置于景观上方。

（2）阴性植物

在较少的光照条件下比在强光下生长良好，一般需光度为全日照的5%～20%，不能忍受过多的光照，尤其是一些树种的幼苗，需在一定的蔽荫条件下才能生长良好。在自然植物群落中常处于中下层，可生长在潮湿背阴处，在群落结构中常为相对稳定的主体。如红豆杉、三尖杉、粗榧、香榧、铁杉、可可、咖啡、肉桂、萝芙木、珠兰、茶、枏木、紫金牛、中华常春藤、地锦、三七、草果、人参、黄连、细辛、宽叶麦冬及吉祥草等。阴性植物中木本较少，多为草本植物，造景中应考虑做下木使用，为之提供一定的阴性环境。

（3）耐阴植物

一般来说需光度在阳性和阴性植物之间，对光适应的范围比较大。在全日照下生长良好，也能忍受适当的蔽荫，大多数植物属于此类。如罗汉松、竹柏、山楂、椴、栾、君迁子、桔梗、白芨、棣棠、珍珠梅、虎刺及蝴蝶花等。

根据经验来判断植物的耐阴性是目前在植物造景中的依据，但是极不精确。如通常都认为杜鹃是很耐阴，而杭州西湖山区野生映山红在光强为全日照20%的赤松林下生长发育良好，开花中等，叶片健壮，无灼伤现象。在全日照的山坡上，开花繁茂，叶片受灼伤。这说明其对光的适应幅度很大。

而且，植物的耐阴性是相对的，其耐阴程度与纬度、气候、年龄、土壤等条件有密切关系。在低纬度的湿润、温热气候地区，同一种植物要比在高纬度、较冷凉气候地区耐阴。植物造景时，植物对光强的需要，只有通过对各种树种及草本植物耐阴幅度的了解，才能在顺应自然的基础上科学地配植，组成既美观又稳定的人工群落。

3．植物对光照时间的要求

①长日照植物：日照长度在14～16小时促进成花或开花，短日照条件下不开花或延迟开花。

②中日照植物： 成花或开花过程不受日照长短的影响，只要在一定的温度和营养条件下即可开花。

③短日照植物：日照长度在8～12小时促进成花或开花，长日照条件下不开花或延迟开花。

四、空气因子

1．概述

空气中二氧化碳和氧气是植物光合作用的主要原料和产出物质。这两种气体的浓度直接影响植物的健康生长与开花状况。如果空气中的二氧化碳含量由0.03%提高到0.1%，则植物光合作用效率就会大大提高。

空气流动形成风，风能帮助授粉和传播种子。兰科和杜鹃花科的种子细小，重量不超过

0.002mg；杨柳科、菊科、萝藦科、铁线莲属、柳叶莱属植物有的种子带毛；榆、槭属、白蜡属、枫杨、松属某些植物的种子或果实带翅；铁木属（Ostva）的种子带气囊，都借助于风来传播。此外，银杏、松、云杉等的花粉也都靠风传播。

园林植物造景时应考虑风传播的花粉对人呼吸道的影响。如在北京，"五·一"时节前飘舞的柳絮让游人和行人都感到"呼吸困难"。有趣的是，在瑞典，柳絮被看成浪漫的象征。

一些害风常引起植物受害，如台风、焚风、海潮风、冬春的旱风、高山强劲的大风等。沿海城市树木常受台风危害；极其干热的焚风一过，植物纷纷落叶，甚至死亡；海潮风常把海中的盐分带到植物体上，如抗不住高浓度的盐分就会死亡。北京早春的旱风是造成植物枝梢干枯的主要原因。强劲的大风常常出现在高山、海边和草原上。为了适应多风、大风的高山生态环境，很多植物生长低矮、贴地，株形变成与风摩擦力最小的流线型，成为垫状植物。园林植物造景应充分考虑风害的影响，以免植物遭受不必要的损失，尽量选用抗风害植物品种，并加强后期管理，如搭风帐、及时剪去枯梢等等。

空气污染是当今一大严重社会问题，一些老工厂的"三废"问题相当严重，而很多有机化工厂如油漆厂、染化厂中一些苯、酚、醚化合物的排放物对植物和人体的影响巨大。主要有害气体有二氧化硫（SO_2）、氟化氢（HF）、氯气（Cl_2）、硫化氢（H_2S）和光化学烟雾等，会导致植物叶片轻者出现伤斑、条斑、焦边，重者叶片萎蔫下垂、枯焦脱落，从而影响景观效果。

2. 植物受害结果

植物的生长发育受害，表现为生长量降低、早落叶、延迟开花结实或不开花结果、果实变小、产量降低、树体早衰等。然而也有些植物在受到有害气体侵害时植物体本身受害会相对较小，在空气污染较严重的地区进行植物造景时，可以选用一些抗污染植物，以维持一定的景观稳定性。各地抗污染树种见表4-3～表4-5。

表4-3　我国北部地区（包括华北、东北、西北）的抗污染树种

有毒气体	抗性	树种
二氧化硫（SO_2）	强	构树、皂荚、华北卫矛、榆树、白蜡、沙枣、怪柳、臭椿、侧柏、大叶黄杨、紫穗槐、加杨、枣、刺槐
	较强	梧桐、丝棉木、槐、合欢、麻栎、紫藤、板栗、杉松、柿、山楂、桧柏、白皮松、华山松、云杉、杜松
氯气（Cl_2）	强	构树、皂荚、榆、白蜡、沙枣、怪柳、臭椿、侧柏、杜松、枣、五叶地锦、地锦、紫薇
	较强	梧桐、丝棉木、槐、合欢、板栗、刺槐、银杏、华北卫矛、杉松、桧柏、云杉
氟化氢（HF）	强	构树、皂荚、华北卫矛、榆、白蜡、沙枣、云杉、侧柏、杜松、枣、五叶地锦
	较强	梧桐、丝棉木、槐、桧柏、刺槐、杉松、山楂、紫藤、怪柳

表4-4   我国中部地区（包括华东、华中、西南部分地区）的抗污染树种

有毒气体	抗性	树种
二氧化硫 （SO_2）	强	大叶黄杨、海桐、蚊母、棕榈、青冈栎、夹竹桃、小叶黄杨、石栎、绵槠、构树、无花果、凤尾兰、构桔、枳橙、蟹橙、柑橘、金橘、大叶冬青、山茶、厚皮香、冬青、构骨、胡颓子、樟叶槭、女贞、小叶女贞、丝棉木、广玉兰
	较强	珊瑚树、梧桐、臭椿、朴、桑、槐、玉兰、木槿、鹅掌楸、刺槐、紫藤、麻栎、合欢、泡桐、樟、梓、紫薇、板栗、石榴、柿、罗汉松、侧柏、楝、白蜡、乌柏、榆、桂花、栀子、龙柏、皂荚、枣
氯气（CL_2）	强	大叶黄杨、青冈栎、龙柏、蚊母、棕榈、构橘、枳橙、夹竹桃、小叶黄杨、油茶、木槿、海桐、凤尾兰、构树、无花果、丝棉木、胡颓子、柑橘、构骨、广玉兰
	较强	珊瑚树、梧桐、臭椿、女贞、小叶女贞、泡桐、桑、麻栎、板栗、玉兰、紫薇、朴、楸、梓、石榴、合欢、罗汉松、榆、皂荚、栀子、槐
氟化氢 （HF）	强	大叶黄杨、蚊母、海桐、棕榈、构树、夹竹桃、构橘、枳橙、广玉兰、青冈栎、无花果、柑橘、凤尾兰、小叶黄杨、山茶、油茶、茶、丝棉木
	较强	珊瑚树、女贞、小叶女贞、紫薇、臭椿、皂荚、朴、桑、龙柏、樟、榆、楸、梓、玉兰、刺槐、泡桐、垂柳、罗汉松、乌柏、石榴、白蜡
氯化氢 （HCL）		小叶黄杨、无花果、大叶黄杨、构树、凤尾兰
二氧化氮 （NO_2）		构树、桑、无花果、泡桐、石榴

表4-5   我国南部地区（包括华南西南部分地区）的抗污染树种

有毒气体	抗生	树种
二氧化硫 （SO_2）	强	夹竹桃、棕榈、构树、印度榕、樟叶槭、楝、扁桃、盆架树、红背桂、卵叶牡丹、小叶驳骨丹、杧果、广玉兰、细叶榕
	较强	菩提榕、桑、鹰爪、番石榴、银桦、人心果、蝴蝶果、木麻黄、蓝桉、黄槿、蒲桃、阿珍榄仁、黄葛榕、红果仔、米仔兰、树菠萝、石栗、香樟、海桐
氯气 Cl_2	强	夹竹桃、构树、樟叶槭、盆架树、印度榕、松叶牡丹、小叶驳骨丹、广玉兰
	较强	高山榕、细叶榕、菩提榕、桑、黄槿、蒲桃、石栗、人心果、番石榴、大黄、米仔兰、蓝桉、蒲葵、蝴蝶果、黄葛榕、鹰爪、扁桃、芒果、银桦、桂花
氟化氢 （HF）		夹竹桃、棕榈、构树、广玉兰、桑、银桦、蓝桉

五、土壤因子

植物生长离不开土壤，即使是"无土栽培"也仍要模拟自然状态下土壤的一些属性。土壤对植物最明显的作用之一就是提供植物根系生长的场所。没有土壤，植物就不能直立，更谈不上生长发育。根系在土壤中生长，土壤提供植物需要的水分、养分，除了氮、磷、钾外，还有13种主要的微

量元素。不同的土壤上生长着不同的植物，而不同的植物又适应不同的土壤，土壤的生态效应对植物造景大有帮助。

1．母岩对园林植物的影响

不同性质的土壤由不同的岩石风化后形成。岩石风化物对土壤性状的影响主要表现在物理、化学性质上。如土壤厚度、质地、结构、水分、空气、湿度、养分等状况以及酸碱度等。

如石灰岩主要由碳酸钙组成，在风化过程中碳酸钙可受酸性水溶解，大量随水流失，土壤中缺乏磷和钾，多具石灰质，呈中性或碱性反应。土壤黏性大，易干，不适宜针叶树生长，适宜喜钙、耐旱的植物生长，上层乔木以落叶树为主。如杭州龙井寺附近及烟霞洞多属石灰岩，乔木树种有珊瑚朴、椰榆、大叶榉、黄连木，灌木中有石灰岩指示植物南天竹和白瑞香。植物景观常以秋景为佳，秋色叶绚丽夺目。而在杭州云栖及黄龙洞就是分别为砂岩和流纹岩，植被组成中以常绿树种较多，如青冈栎、苦槠、米槠、绵槠、紫楠、浙江楠、香樟等，也适合马尾松和毛竹的生长。而流纹岩也难风化，在温暖湿润条件下呈酸性或强酸性，形成红色黏土或砂质黏土。

2．酸碱度对园林植物的影响

据我国土壤酸碱性情况，可把土壤碱度分成五级：pH值＜5为强酸性；pH值＜5～6.5为酸性；pH值＝6.5～7.5为中性；pH值＝7.5～8.5为碱性；pH值＞8.5为强碱性。

酸性土壤植物在碱性土或者钙质土上不能生长或生长不良，它们分布在高温多雨地区，土壤呈酸性；另外，在高海拔地区，由于气候冷凉、潮湿，在针叶树为主的森林区，土壤中形成富里酸，含灰分较少，因此土壤也呈酸性，这类植物如柑橘类、茶、山茶、白兰、含笑、珠兰、茉莉、桃木、构骨、八仙花、肉桂、高山杜鹃等。

当土壤中含有碳酸钠或碳酸氢钠时，土壤的pH值可达8.5以上，称为碱性土。如土壤中所含盐类为氯化钠、硫酸钠，则pH值呈中性，能在盐碱土上生长的植物叫耐盐碱土植物，如新疆杨、文冠果、合欢、木槿、黄栌、柽柳、油橄榄、木麻黄等。

土壤中含有游离的碳酸钙称钙质土，有些植物在钙质土上生长良好，称为"钙质土植物"（喜钙植物），如南天竹、柏木、青檀、臭椿等。

进行植物造景时，应考虑当地土壤的理化性质，选种适宜的树种或者考虑换土为外来树种创造适宜的土壤环境。

六、生物相关性

如同水火不相容一般，某些植物也不能共同生存，是相克的关系，一方的存在导致另一方的生长受到限制甚至死亡，或者两者的生长都受到抑制；也有与地衣中真菌和菌类的共生关系相似的，两者是相生的关系，一方的存在有利于另一方的生长。当通过设计人工植物群落种间组合来进行植物造景时，要区别哪些植物可"和平共处"，哪些植物"水火不容"。下面介绍一些植物间相克或相生的例子。

1．相克

① 黑胡桃（*Juglans nigra*）不能与松树、苹果、马铃薯、番茄、紫花苜蓿及多种草本植物栽植在

一起。因为黑胡桃树的叶子和根能分泌一种物质，这种物质在土壤中水解与氧化后，具有极大的毒性，致使其他植物受害。桦木幼苗栽植在黑胡桃近旁，越近其生长越差，甚至死亡。而黑胡桃与悬钩子（*Rubus*）则可共生。

②蓝桉与赤桉等林内草本与木本植物不能生长。它产生的萜烯类化合物，能抑制其他植物发根。

③苹果树行间种马铃薯，苹果树的生长会受到抑制，因为马铃薯的分泌物能降低苹果根部和枝条的含氧量，使其发育受阻。在苹果园中间种芹菜、胡麻、燕麦、冰草、苜蓿等植物，均不利苹果树的生长。但苹果园种南瓜可使南瓜增产。苹果树的根分泌苯甲酸，苹果树根皮所含的根皮贰，也能抑制苹果的生长，因而在更新时，必须清除苹果树的老根。

④刺槐、丁香、薄荷、月桂等能分泌大量的芳香物质，对某些邻近植物有抑制作用。刺槐强烈地抑制杂草生长发育。

⑤榆树与栎树、白桦不能间种。

⑥松树与云杉不能间种。

⑦赤松林中牛膝、灰藜和野苋菜生长不良。

⑧桑树附近忌种烟叶，否则会引起蚕中毒。

⑨葡萄园内不能种小叶榆、甘蓝。在新疆阿拉罕葡萄沟了解到，葡萄果园方圆几里之内不能种小叶榆，否则将导致葡萄大量死亡。

⑩竹不能与芝麻间种。

⑪日本赤松能改变植物群落的组成。

⑫辐射松（*Pinus radiata*）对苜蓿胚茎的生长具明显的抑制作用。

⑬西伯利亚红松、西伯利亚落叶松、西伯利亚云杉，各形成单一的优势树种纯林。

⑭银桦幼苗根部如与壮龄树相接触，幼苗死亡。

⑮美国梧桐（*Platanus occidantalis*）林下寸草不长唯两树冠之间隙杂草繁茂。

⑯茄科、十字花科、蔷薇科的某些植物不能种在一起。

⑰风信子、稠李抑制某些植物的生长。

⑱丁香与铃兰、水仙与铃兰、丁香与紫罗兰不能混种。

⑲刺槐的树皮含有某种成分，其影响会使刺槐林下仅有白屈菜等少数几种草本植物。

⑳小球藻抑制菱形藻的生长；多甲藻抑制棚藻的生长；栅藻抑制盘星藻的生长。

㉑白屈菜的分泌物对松树危害很大。

㉒冰草的根系分泌物对栎、苹果有显著的抑制作用。匍枝冰草、鹅冠草对加杨、怪柳的幼苗有抑制作用。

㉓接骨木根系的分泌物对大叶钻天杨的生长有抑制作用。

㉔松树不能与接骨木生长在一起，因接骨木对松树的生长有强烈的抑制作用，甚至落入接骨木林冠下的松子会全部死亡。

㉕加拿大在荒地营造糖槭人工林，由于一枝黄花（*Solidago rugosa*）及伞紫菀（*Aster umbellatus*）使糖槭种子难以发芽，幼根不能吸收养分（PN）抑制幼苗生长。唯有施用100mg/kg的氮肥，才能不受害。

㉖ 松树根分泌的一种激素可抑制桦树的生长，但桦树根的激素却能促进桦树的生长。

㉗ 生长于地表的土地衣（Soillichens）对樟子松、挪威云杉有危害，若除去地衣，则可恢复生长。

㉘ 如果把果树种在各种花卉旁边，各种花就会加速凋谢。

㉙ 紫云英叶子上有丰富的硒，可杀伤周围植物。

㉚ 桃树与茶树不能间种，否则茶树枝叶枯萎。据在湖南调查，发现桃树根系分泌一种胶状物质，能使茶树根腐烂。桃树也不能重茬，因为桃树的根内含有扁桃甙，分解时产生苯甲醛，严重毒害桃树的更新，老的桃树没有清除之前，新的桃树根长不出来。桃树周围不适宜种杉树，否则不能成材。

㉛ 大丽花如果连种在一块地里，花会变小，重瓣变单瓣，明显退化。

㉜ 柑橘与桉树不能间种。重庆东风林场在原有大叶桉树的坡地上种植大量的柑橘林，5～6年后柑橘成林，而大叶桉却相继死亡。

㉝ 柑橘与花椒不能混栽，否则柑橘生长会受抑制。柑橘苗圃不能重茬，不然，柑橘苗生长不良，且易发生病害。因此，使用一次的地要更新换土。

㉞ 菊花不能重茬。据贵阳市园林局的经验，菊花开过花后，取芽换土重栽，第二年旺，花大，色艳。如果连续在同一块地里种菊，则植株退化，花小色暗。

㉟ 鸡冠花如在一块地里连种，不仅花变小，而且连其种子也难萌发，幼苗衰弱。

㊱ 郁金香种一次后，必须换土。否则生长到第四年时，花冠直径退到原来一半，失去观赏价值。

2. 相生

① 黑接骨木对云杉根系分布扩展有利。

② 皂荚、白蜡槭与七里香在一起，可促进种间结合。

③ 黄栌与七里香有相互促进作用。

④ 黑果红瑞木与白蜡槭在一起有促进作用。

⑤ 葡萄园种紫罗兰，结出的葡萄香味更浓。

⑥ 赤松林中，桔梗、苍术、荻和结缕草生长良好。

⑦ 檫树与杉树可共生。

⑧ 核桃与山楂间种可以互相促进，山楂的产量比单种高。

⑨ 北京农林科学院果树所试验，在上茬为板栗与油松育苗地里培育油松，结果油松长得特别好。

⑩ 牡丹与芍药间种，能明显促进牡丹生长，使牡丹花繁叶茂，花大色艳。

七、植物景观的生态设计方法

植物配置应综合考虑植物材料间的形态和生长习性，既要满足植物的生长需要，又要保证能创造出较好的视觉效果，与设计主题和环境相一致。一般来说，庄严、宁静的环境的配置宜简洁、规整；自由活泼的环境的配置应富于变化；有个性的环境的配置应以烘托为主，忌喧宾夺主；平淡的环境宜用色彩、形状对比较强烈的配置；空阔环境的配置应集中，忌散漫。

规模较大的种植设计应遵循生态学原理，以地带性植被为种植设计的理论模式。规模较小的，特别是立地条件较差的城市基地中的种植设计应以基地特定的条件为依据。

自然植物群落是一个经过自然选择、不易衰败、相对稳定的植物群体。光照、温度、水分、土壤、地形等是植被类型生长发育的重要因子，群体对包括诸因子在内的生活空间的利用方面保持着经济性和合理性。因此，对当地的自然植被类型和群落结构进行调查和分析无疑对正确理解种群间的关系有极大的帮助，而且，调查的结果往往可作为种植设计的科学依据。例如，英国的布里安·海克特教授（Brian Hackett）曾对白蜡占主导的，生长在石灰岩母岩形成的土壤上的植物群落做了调查和分析。据构成群落的主要植物种类的调查结果做了典型的植物水平分布图，从中可以了解到不同层植物的分布情况，并且加以分析，做出了分析图。在此基础上结合基地条件简化和提炼出自然植被的结构和层次，然后将其运用于植物景观设计之中（见图4-1）。

图4-1　在分析植物生长的生态条件基础上进行的种植设计方案
树木：A-欧洲白蜡树；B-欧亚槭；C-欧洲花楸；D-鸡距山楂
灌木：1-棉毛荚蒾；2-欧洲荚蒾；3-巴东荚蒾；4-黄灰榛；5-欧洲红瑞木；
6-葡茎继木；7-蔷薇类
地被物：蚊子草属、香科属、银莲花属的草本植物
资料来源：《园林景观设计》。

第二节　城市环境

城市环境有别于城市以外的自然环境，由于人口聚集带来了许多关于土地、空气的生态问题。对于生长在这里的植物，要求它们能适应这样复杂纷乱的城市环境中，对其生态习性的改良在技术上提出了很高的要求。人们适应这样的土地和空气，同时在这种环境的生物进行改造的过程中不断学习以此达到与城市同存同长（见图4-2、图4-3）。

图4-2　以建筑实体为主，间插少量绿地，道路纵横交错的城市环境

图4-3　建筑与绿化融为一体的城市环境

一、土地

城市土地容纳了城市基础的各种管线、承载了各种建筑等附属物以及人类频繁活动的压力，使得这里的土地紧实而不透气；钢筋混凝土及各种人工材料拒绝空气中水分的渗入，使得土壤干燥缺乏水分，同时伴随着营养物的缺失，土壤非常贫瘠（见图4-4）。

1. 城市土地特征

（1）城市绿地面积减少，出现"城市荒漠"

在进行城市土地开发和再开发时，为了取得更多的生产、生活用地，不惜牺牲绿化用地，不

图4-4　城市里土地被埋在坚硬的铺装之下

按规划要求的指标保留和建设绿化用地或拆迁破坏的绿化用地，造成许多城市硬质景观和软质景观面积比例严重不协调，环境自净能力大为降低，导致城市尘土飞扬，噪声倍增，疾病增加。

（2）占用绿地进行商业性建设，严重破坏生态环境

受短期经济利益观念的影响，全国有少数城市出现了占用公园、湖泊进行商业性建设，严重破坏了生态平衡，造成城市水土流失的现象，致使洪水、泥沙进入市区，给国家和人民造成了严重的经济损失。例如，有些城市不顾实际情况，砍掉树木，毁掉绿地，盲目搞各种"世界风光公园"，

把环境宜人、幽雅舒适的自然景观改造成了混凝土堡垒；有些为了所谓的当前经济效益，把公园改造成各种营利性的娱乐设施等。

（3）土地生态污染严重

指那些被利用后由于各种原因受到污染而对人体和环境产生潜在危害的土地。造成土地污染的原因既有历史因素，也有城市规划与工业布局因素。过去，由于科学技术尚不发达，人们盲目滥用土地，使一些土地资源遭到严重破坏。现在，则是由于大工业的发展，带来的工业布局及城市规划的不合理性以及发展中存在的盲目性，导致仍然有一些土地资源遭到破坏。工业"三废"已是老问题，但随着经济的发展，反而有愈演愈烈之势。一些地方政府为了增加财政收入，扩大就业，片面追求经济效益和社会效益，而忽略了环境效益。而有些地方政府，由于财政资金不足和投入基础设施的治污系统不完善，直接导致整个管辖范围环境恶化、土地污染严重。在土地利用方面，由于规划缺乏科学性，在土地利用布局上缺乏明确的产业布局指导作用和优先过滤作用。

2．城市土地生态开发

（1）合理制定城市生态发展规划

建设生态城市，规划是发展的前提，是城市发展的定位器，城市的生态化首先是规划的生态化。生态城市规划就是把生态理念贯穿于城市规划设计的全过程，构建生态城市、生态集镇、生态新村、生态社区、生态小区体系，对城市布局、结构、建筑、色调、雕塑等设施要用生态学来审视，使城市从平面、空间均显现艺术生态性。在规划中提出以生态学为指导思想，在规划评审过程中请生态学者参加，城市生态规划完全可以由以生态学者为主来完成。在做好规划的同时还要积极传播生态文明、倡导生态理念、培养生态文化、增强民众的生态意识。

（2）以生态重建为先导提升城市容量

大部分城市的城乡结合部位往往是垃圾堆放、采石、取土、挖砂的"理想"场所，曾是城市生命线的河道、阶地更是长期遭受污水的侵袭。通过对这些污染重灾区的生态重建，可以完善城市形态，改善生态环境，提升城市的综合承载力。2003年3月，国土资源部下发的《全国土地开发整理规划》指出，采用工程、生物等措施，对田、水、路、林、村进行综合整治，对在生产建设过程中和自然灾害造成破坏、废弃的土地进行整治，恢复利用土地，提高土地质量和利用效率。目前，我国有1万多家国有矿山、23万多家集体、个体矿山，分散或集聚于300余座矿业城镇周围，压占土地4万余平方千米。其中，矿业型城市110座，约占全国城市总数的1／6，可见，仅矿山压占土地的整理复垦，就会呈现巨大的潜质。如位于徐州市东北部的贾旺区是主要煤矿区，采矿塌陷严重，出现了大片汪洋，当地政府因地制宜，一方面利用政策资金复垦、治理环境，另一方面进行科学规划、招商引资，如今，环境优美的人工湖景区及初具规模的贾旺工业园已在昔日的塌陷区崛起。

（3）研发推广生态产业

大量研发生态产业如清洁产品、空气净化产品、水处理产品、废弃物综合治理产品、负离子生产产品等，并设立专项资金积极试验推广之。

（4）以生态化理念创新开发

遵循资源利用的减量化（Reduce）、产品的再使用（Reuse）、废弃物的再循环（Recycle），科学、合理规划，各功能分区及相关企业、分项目之间形成产业偶合（并联、串联），保证运转成本最低、外部经济性最佳。

（5）建立城市立体绿化体系景观

生态学是土地生态规划、管理、设计和开发的基础。德国著名景观生态学家HarberW 教授认为：在一给定的区域单位（RNU）内，占优势的土地利用类型（起源于土地的适合性和传统）不能成为存在的唯一类型，至少地表的10%～15%必须为其他土地利用或区元（ecotope）保存下来。只有通过这种空间异质性的保持，才有利于促进生物的多样性以及土地生态系统的稳定和平衡。根据该理论，城市绿化树种应该以乡土乔木、灌木为主，乔、灌、草结合，各种植物之间的平面距离、立面结构（乔木、灌木、花卉、草坪与地被植物）及其轮廓变化等要合理搭配，营造能体现生物多样性和地方特色的城市森林。在新建房屋时，必须使绿化与建筑占地面积比例达到一定水平，一般不少于30%，否则土地开发计划不应予以批准；其次，通过组建园林开发公司，专门进行园林、旅游、风景区的建设和住宅小区的绿化配套，包括绿化隔离带、街心花园、道路绿化以及工厂绿化等综合开发经营。再次，积极发展主体绿化、屋顶绿化，建设屋顶花园等，全方位提高城市绿化整体水平（见图4-5）。

3. 城市绿地特征

城市环境中绿地是一块特殊的用地，既不同于城市中的硬质铺装用地，也不同于郊外生长各种植物的自然土地，城市绿地介于二者之间，使得绿化成为可能。往往城市中进行绿化时，种植土壤需要改良：或是通过换土改善植物的生长环境，或是通过增加腐殖物质等营养物质改善原有的土壤生存环境。根据所要种植的植物

图4-5 立体绿化空间，生态效益最大化

图4-6 城市中的种植环境，需要人工改良

类型及根系深浅，改良土壤成不同的酸碱性、不同的营养成分配方及适当的厚度，以满足各种植物的生长需求（见图4-6）。

二、空气

城市中由于各种机械运转需要燃烧煤、油、气，空气中包含了各种工业物质排放的废气；城市人口聚集，人类呼吸排放的废气也是城市空气中的重要组成成分；城市建筑施工过程中产生的扬尘主要来源于土方开挖、场地平整、土石方填埋形成的裸露土面产生的扬尘及施工作业、混凝土搅拌等产生的粉尘。这三部分是城市环境空气与郊外环境空气的主要区别。由于空气成分的不同，要求城市环境中植物对于各种废气（分有毒和无毒）、呼吸出的CO_2及扬尘的抗性能力（见图4-7）。

图4-7 城市空气温度与污染浓度分布示意图
资料来源：《城市绿地系统规划》。

三、人口

人口密集是城市最主要的特征之一，人类活动的频繁对于环境造成的影响很大。人类最基本的呼吸，使得城市空气温度升高，CO_2排放量增加，这也是城市热岛效应形成的主要原因之一。人类的行走、运动加剧了城市土地的硬化和贫瘠化。从而造成城市氧气含量降低，正离子增加，使得人类自身的生存环境恶化。城市中的植物正是改善城市空气质量的重要良方（见图4-8）。

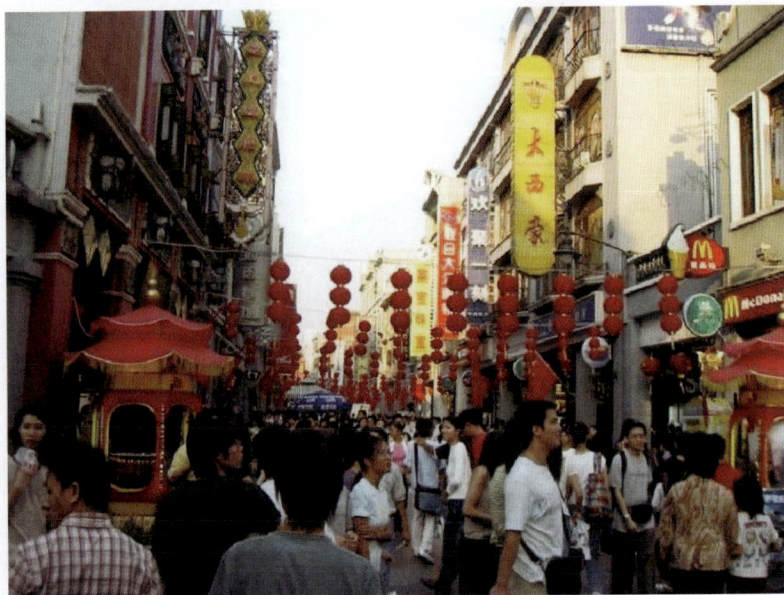

图4-8 城市商业步行街人流如织

第五章

中国及国外古典园林植物造景

一、中国古典园林植物造景

1．植物赋予人的性格和寓意

中国传统园林对植物造景非常讲究，并将植物赋予人的性格，使景观更增添了生命力。比较著名的例子有：梅兰竹菊四君子，松竹梅岁寒三友。梅，象征不畏严寒纯洁坚贞的品质；兰，象征居静而芳高脱俗的典雅情操；竹，象征虚心有节清高雅洁的潇洒风尚；菊，象征不畏风霜活泼多姿的非凡大度；松，象征坚贞不屈万古长青的苍劲气概。另外还有：柳，象征自然灵动飘逸婀娜；枫，象征不畏艰难困苦，老而尤红；荷花，象征廉洁朴素，出淤泥而不染；迎春花，象征春回大地万物复苏。还有一些民间流传的比拟，紫薇、榉树象征高官厚禄；玉兰、牡丹象征玉堂富贵；石榴象征多子；海棠，为棠棣之华，象征兄弟和睦之意；萱草象征忘忧；桃花象征红颜薄命；桑梓象征故乡。在植物造景时常常考虑植物的寓意而用，因此植物品种的选择也因此多受到限制。

2．常以植物命名

古典园林中许多景点都是以植物来命名，如万壑松风、萍香三片、曲水荷香、绮玉轩、冷香亭、松鹤清樾、雪香云蔚亭、梧竹幽居等，可见植物在传统园林中的地位和重要作用。

3．造景手法

植物造景常常当作一幅画来构织，常常是一树一木一石一草就可成一景，简洁而寓意深刻。在皇家园林中，以宫殿建筑为主，力求山林气氛，多为松、柏类树种，古松、古柏苍劲挺拔，经风雪而不凋。在江南水乡园林中，则是粉墙黛瓦为背景，力求青翠淡雅，多为玉兰、竹、菊，也是传统国画的主要素材。在植物运用上有的突出枫杨，温彩流丹；有的突出梨树，轻纱素裹；有的突出古松，峰峦滴翠；有的突出垂柳，婀娜多姿（见图5-1）。

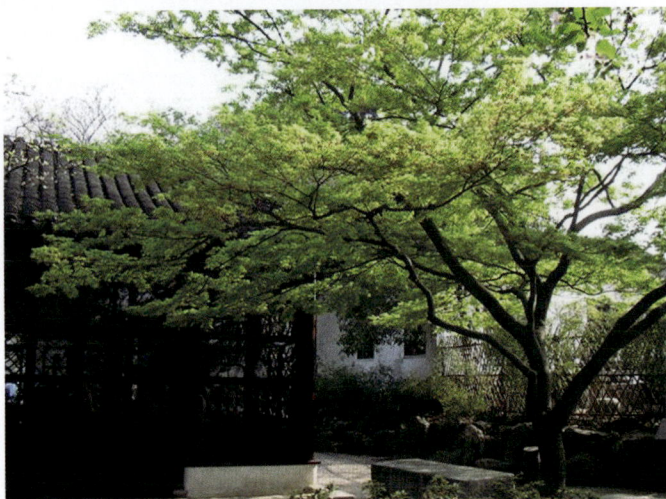

图5-1　一株翠绿的鸡爪槭与黛瓦色彩的反差使画面简洁清新

4．植物的选择

中国古典园林擅长利用植物的形态和季相变化，表达作者的思想感情和形态意境，如"岁寒而知松柏之后凋"，表示坚贞不渝；"留得残荷听雨声"，表达一种凄寂；"雨打芭蕉"，表达雨夜寂静的气氛。"树繁碧玉叶，柯叠黄金丸"形容枇杷树的样子；"万绿丛中一点红，动人春色不宜多"形容石榴花的神态。树木的选择也有规律："庭院中无松，是无意画龙而不点睛"；"门前杉径深，屋后山色奇"是南方杉木种植特征描述；"槐荫当庭""院广梧桐"是常见的庭院植物种植特征（见图5-2）。

5. 诗情画意运用于植物中

艺术是相通的，中国古典园林的造景手法与诗词歌赋、国画手法一致，追求完美，精雕细琢。而植物素材增强了园林景色画面的表现力和感染力。苏州拙政园"待霜亭"，待霜是霜降橘始红，亭旁植橘树；留园入口"古木交柯"，老槐树一株，虽干枯但却苍劲古拙；网师园"竹外一枝轩"，景窗外一枝秀竹斜置，清秀雅丽；"看松读画轩"前种植罗汉松、白皮松、古柏等，其中古柏为园中最古、最高的大树，树梢已枯，树干已空，藤缠于上依然苍翠。

承德避暑山庄的万壑松风位于宫殿东北部一组风格独特的建筑群，打破了传统宫殿建筑的格局。主殿万壑松风坐南朝北，面阔五间，据岗临湖，经松林绿荫下假山石蹬通向湖边，湖边原有一座玲珑小巧的八角晴碧亭。正殿左右和南部，活泼交错地布置着门殿、静佳室、鉴始斋、蓬阆咸映、颐和书屋等小型建筑，由矮墙和半封闭回廊相连，形成了既封闭又开敞的庭院，空间层次十分丰富。在参天古松的掩映下，壑虚风渡，松涛阵阵，犹如杭州西湖万松岭，形成一个极其寂静安谧的小环境，是批阅奏章、诵读古书的佳境，故其楹联题道："云卷千峰色，泉和万籁吟。"（见图5-3）

杭州西湖十景之一曲院风荷，曲院原名麯院，位于金沙涧（西湖最大天然水源）流入西湖处，南宋时这里辟有宫廷酒坊，湖面种养荷花。夏日清风徐来，荷香与酒香四下飘逸，游人身心俱爽，不饮亦醉。南宋画家马远等品题西湖十景时，把这里也列为"十景之一"。后来院颓唐堙，其景遂废。清康熙皇帝南巡杭州，题写西湖十景景名时，就把这个久废的旧景移至苏堤的跨虹桥畔，亲书"曲院风荷"四字，立碑建亭（见图5-4）。苏州园林较为常见的画面：建筑的前庭、后院以及由廊道和墙所构成的小院，由于空间小，视距短，景物少，要求配置形态好、色香俱佳的花木来点缀，有时还配以玲珑剔透的湖石，以白墙为背景，形成各种画面，

图5-2　秋季金黄的色彩使画面蒙上了一层暖意

图5-3　西湖万松岭

75

随着时间和季节的变化，在阳光的照射下，白墙上映出深浅不同的阴影，构成各种生动的图案，所谓"白墙为纸，山石植物为绘"的画境。或入口处框之，或游廊转折处角隅处置之，或窗外漏之。如：向外眺望的窗前多植枝叶扶疏的花木，在采光用的后窗外，为了遮蔽围墙，种植竹丛或其他花木，"修篁弄影"，绿意满窗，给人以清新的感觉；走廊，过厅和花厅等处的空窗或漏窗是为了沟通内外，扩大空间，便于欣赏景物，所以窗外花木限于小枝横斜，一叶芭蕉，一枝红梅，半掩窗扉，若隐若现，富于画意。在较小庭院中，常用的还有海棠、南天竹、蜡梅、山茶等，单株与山石配；较大庭院内多选用玉兰、桂花、紫薇、梧桐、白皮松、罗汉松、黄杨、鸡爪槭等。为控制树形，不使枝叶破坏或遮挡画面，应常加以修剪，苏州的庭菀小景布局多为此模式，注重构图、色彩、质感、光影交织的画面效果（见图5-5～图5-7）。

图5-4　满塘碧绿的荷叶莲莲，清风飘来一阵淡淡的荷香，粉红的荷花在绿叶间摇曳更显其婀娜多姿

图5-5　院内视距短，其景物较少，一株一木，一石一草配合园林建筑就一景，再通过疏廊交错，构成虚实相称的景致

图5-6　屋檐、柱廊及美人靠形成画框将景致一一罗列在其间，这是苏州园林惯用的造园手法

图5-7　从屋里往外望，透过漏窗、门扇将屋外景观与室内连通

二、西欧古典园林植物造景

1. 欧洲规则式园林的审美

以法国、意大利为代表的规则式园林被称为西方古典园林。以法国宫廷花园为代表的由建筑师、雕塑家和园林设计师创作出来的西方规则式古典园林，以几何体形的美学原则为基础，以"强迫自然去接受匀称的法则"为指导思想，追求一种纯净的、人工雕琢的盛装美（见图5-8）。花园多采取几何对称的布局，有明确的贯穿整座园林的轴线与对称关系。水池、广场、树木、雕塑、建筑、道路等都在中轴上依次排列，在轴线高处的起点上常布置着体量高大、严谨对称的建筑物，建筑物控制着轴线，轴线控制着园林，因此建筑也就统率着花园，花园从属于建筑。西方古代建筑多以石料砌筑，墙壁较厚，窗洞较小，建筑的跨度受石料的限制而内部空间较小。拱券结构发展后，建筑空间得到了很大程度的解放，建造起了像罗马的万神庙等有内部空间层次的公共性建筑物，建筑的空间艺术有了很大的发展，但仍未突破厚重实体的外框。西方古典造型艺术强调

图5-8 西方规则式植物造景

"体积美"，建筑物的尺度、体量、形象并不去适应人们实际活动的需要，而着重在于强调建筑实体的气氛，其着眼点在于二维的立面与三维的形体，建筑与雕塑连为一体，追求一种雕塑性的美。其建筑艺术加工的重点也自然地集中到了目力所及的外表及装饰艺术上。

2. 将植物当作建筑材料运用

在园林布局上，黑格尔曾说："最彻底地运用建筑原则于园林艺术的是法国的园子，它们照例接近高大的宫殿，树木是栽成有规律的行列，形成林荫大道，修剪得很整齐，围墙也是用修剪整齐的篱笆造成的。这样就把大自然改造成为一座露天的广厦。"西方古典园林无论在情趣上还是构图上和古典建筑所遵循的都是同一个原则。园林设计把建筑设计的手法、原则从室内搬到室外，两者除组合要素不同外，并没有很大的差别。西方古典园林中的园林植物取法于西方古典建筑，它把各种不同功能用途的房间都集中在一幢砖石结构的建筑物内，所追求的是一种内部空间的构成美和外部形体的雕塑美。由于建筑体积庞大，因此很重视其立面实体的分划和处理，从而形成一整套立面构图的美学原则。在具象表达上经常把植物用来作为围墙等建筑材料来隔离空间，通过修剪植物进行各种雕塑造型（见图5-9、图5-10）。

图5-9 将植物材料当作雕塑材料（一）

图5-10 将植物材料当作雕塑材料（二）

3．大块色彩构图

在多数宫廷园囿中，通过大色块进行规整构图。往往可以在制高点观赏到如植物地毯般的色块构图。这些色块可以是开花的草本植物，也可以是低矮耐修剪的灌木。常常把园囿当作一块画布，在其上进行雕刻花纹，通常采用的图案有吉祥龙卷纹理或者是规则的几何图形，色彩以绿色为底彩色为画进行绘制（见图5-11）。

图5-11 吉祥纹理造景

4．几个典型西欧国家植物景观特色

（1）意大利

意大利大部分地形为山地、丘陵，夏季谷地和平原闷热，而在山地凉爽；由于是罗马后裔，因此罗马的辉煌历历在目，继承罗马的园林景观，并加强之。园林形式结合台地地形设计为台地园，采用的植物多数为常绿植物，用于绿篱、绿丛植坛、整齐排树、背景林等造景形式，常用植物有：丝杉、石松、月桂、黄杨、夹竹桃、冬青、紫杉、青栲、棕榈等。

在这里植物被当作建筑材料运用，植物造景从景观轴到园外由规则向自然过渡，构图讲究中轴对称、均衡稳定、主次分明、变化统一、比例协调、尺度适宜。柑橘园是意大利园中典型的园林群落（见图5-12）。

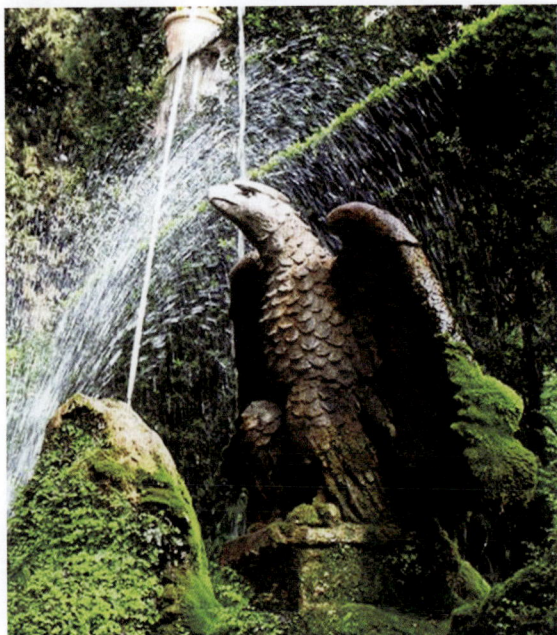

图5-12 显示罗马辉煌的意大利园林景观

（2）法国

法国地形为平原，土地肥沃，为植物生长提供了良好的基础。受意大利台地园影响，法国园林植物造景多数为修剪得很整齐的绿篱造型、小林园或丛林，花坛常采用刺绣花坛、组合花坛、分区花坛、柑橘花坛、水花坛等形式。植物选择上采用丰富的落叶乔木，有明显的四季变化；集中种植，形成茂密的丛林（见图5-13）。

（3）英国

英国北部为山地和高原，南部为平原和丘陵，属于温带海洋性气候，有充沛的雨量、温和湿润的气候，适合植物生长。早期受意大利、法国造园影响较大，后来形成独特的自然式风景园林。其特色为缓坡牧场、孤立树、疏林草地，保留的规则式园林有几何造型、动物、建筑植物雕塑等（见图5-14）。

图5-13　冬天的凡尔赛宫茂密的落叶丛林和修剪整齐的绿篱墙

图5-14　英国缓坡疏林草地景观

三、日本古典园林植物造景

日本是自然环境得天独厚的岛国，气候温暖多雨，四季分明，森林茂密，丰富而秀美的自然景观，孕育了日本民族顺应自然、赞美自然的美学观，甚至连姓名也大多与自然有关。这种审美观奠定了日本民族精神的基础，从而使得在各种不同的作品中都能反映出返璞归真的自然观。日本园林以其清纯、自然的风格闻名于世，以"自然之中见人工"为设计手法。它着重体现和象征自然界的景观，避免人工斧凿的痕迹，创造出一种简朴、清宁的致美境界。在表现自然时，日本园林更注重对自然的提炼、浓缩，并创造出能使人入静入定、超凡脱俗的心灵感受，从而使日本园林具有耐看、耐品、值得细细体会的精巧细腻，含而不露，并具有突出的象征性，能引发观赏者对人生的思索和领悟。日本园林的精彩之处在于它的小巧而精致，枯寂而玄妙，抽象而深邃。大者不过一亩余，小者仅几平方米，日本园林就是用这种极少的构成要素达到极大的意韵效果。日本园林虽早期受中国园林的影响，但在长期的发展过程中已形成了自己的特色，尤其在小庭院方面。从种类而言，日本庭园一般可分为枯山水、池泉园、筑山庭、平庭、茶庭、露地、回游式、观赏式、坐观式、舟游式以及它们的组合等。

1．枯山水

又叫假山水，是日本特有的造园手法，系日本园林的精华。其本质意义是无水之庭，即在庭园内敷白砂，缀以石组或适量树木，因无山无水而得名。

造园艺术的"枯山水"是在室町时代禅宗精神广为传播之后，从禅宗冥想的精神中构思出来，在禅的"空寂"思想的激发下，而形成的一种最具象征性的庭院模式，表现"空相""无相"的境界。枯山水以石头、白砂、苔藓为主要材料。以砂代水，以石代山，用绵软的白砂和形状各异、大小不等的石头来突出大自然和生命的主体。《造园记》中规定，在没有池子、没有用水的地方安置石子、白砂造成枯山水，所谓枯山水就是用石头、石子造成偏僻的山庄，缓慢起伏的山峦，或造成山中村落等形象。以白砂的不同波纹，通过人的联想、顿悟赋予景物以意义，它的美更多地需要靠禅宗冥想的精神构思，因而具有禅的简朴、枯高、自然、幽玄、脱俗等性格特征。它不仅是一种表现艺术，更是一种象征的艺术和联想的艺术。如京都龙安寺，在无一树一草的庭园内，经过巧妙的构思，通过块石的排列组合，白沙的铺陈，加上苔藓的点缀，抽象化为海、岛、林，幻化出另一种境界，所以龙安寺也称"空庭"，使人从小空间进入大空间，由有限进入无限，达到一种"空寂"的情趣。枯山水中使用的石头，气势浑厚；象征水面的白砂常被耙成一道道曲线，好似万重波澜，块石根部，耙成环形，好似惊涛拍岸。如果点缀花木，也是偏爱矮株，尽量保持它们的自然形态，这种以凝思自然景观为主的审美方式，典型地表现了禅宗的美学观念，所造之境多供人们静观，为人们的冥想提供一个视觉场景，人们只能通过视线进入它的世界。从这一点上来说，与中国古典园林可游、可居相比，它更像是一幅立体的水墨画，是在三维空间中追求的二维效果。枯山水抽象、纯净的形式给人们留出无限遐想的空间，它貌似简单而意境深远，耐人寻味，能于无形之处得山水之真趣，这正是禅宗思想在造园领域的凝聚。

池泉园是以池泉为中心的园林构成，体现日本园林的本质特征，即岛国的特征。园中以水池为中心，布置岛、瀑布、土山、溪流、桥、亭、榭等（见图5-15、图5-16）。

图5-15　日本枯山水园林（一）

图5-16　日本枯山水园林（二）

2. 筑山庭

是在庭园内堆土筑成假山，缀以石组、树木、飞石、石灯笼的园林构成。一般要求有较大的规模，以表现开阔的河山，常利用自然地形加以人工美化，达到幽深丰富的景致。日本筑山庭中的园山在中国园林中被称为冈或阜，日本称为"筑山"（较大的冈阜）或"野筋"（坡度较缓的土丘或山腰）。日本庭院中一般有池泉，但不一定有筑山，即日本以池泉园为主，筑山庭为辅（见图5-17）。

图5-17 日本筑山庭

图5-18 日本茶庭

3．平庭

即在平坦的基地上进行规划和建设的园林，一般在平坦的园地上表现出一个山谷地带或原野的风景，用各种岩石、植物、石灯和溪流配置在一起，组成各种自然景色，多用草地、花坛等。根据庭内敷材不同而有芝庭、苔庭、砂庭、石庭等。平庭和筑山庭都有真、行、草三种格式。

4．茶庭

即茶室庭园，也叫露庭、露路，是把茶道融入园林之中，为进行茶道的礼仪而创造的一种园林形式。面积很小，可设在筑山庭和平庭之中，一般是在进入茶室前的一段空间里，布置各种景观。步石道路按一定的路线，经厕所、洗手钵最后到达目的地。茶庭犹如中国园林的园中之园，但空间的变化没有中国园林层次丰富。其园林的气氛是以裸露的步石象征崎岖的山间石径，以地上的松叶暗示茂密森林，以蹲踞式的洗手钵象征圣洁泉水，以寺社的围墙、石灯笼来模仿古刹神社的肃穆清静。其特色是讲求质朴自然。我到箱根时，需来到一处幽静的庭园，园中一间小巧玲珑的木屋，推窗望去，庭园中白砂摆成的小河，似潺潺流水；一丛丛圆锥形的灌木，素雅的馨木，落叶苔藓，放置着一种叫"蹲踞"的石制"洁手钵"，是洗漱用的石盆，道旁伫立着花岗岩石雕品石灯笼，发出朦胧的灯光，整个茶庭典雅清新。茶室简朴幽雅，入口是一方活动矮门，茶室四壁悬挂"松""竹""梅""龟"等名人字画，茶室中有陶制炭炉和茶壶，炉前放着饮茶用具（见图5-18）。

5．回游式、观赏式、坐观式、舟游式

是指在大型庭园中，设有"回游式"的环池设路或可兼作水面游览用的"回游兼舟游式"的环池设路等，一般是舟游、回游、坐观三种方式结合在一起，从而增加园林的趣味性。有别于中国园林的步移景随，日本园林是以静观为主。

日本园林多由植物、山石和水体构成。因此，从种植设计上，日本园林植物配置的一个突出特点是：同一园中的植物品种不多，常常是以一二种植物作为主景植物，再选用另一二种植物作为点景植物，层次清楚，形式简洁，但十分美观（见图5-19）。选材以常绿树木为主，花卉较少，且多有特别的含义，如松树代表长寿，樱花代表完美，鸢尾代表纯洁等。常用的植物还有杜鹃，作为修

剪用植物，常常剪成平滑的曲面（见图5-20）；地面常用青苔种植于石板路周围，营造清幽古朴的感觉。

图5-19　日本园林植物常用樱花作为园林基调植物

图5-20　日本园林植物采用剪型灌木作为装饰

第六章

植物景观规划原理

第一节　符合自然生态条件需求

植物生长需要适宜的生态环境，包括对土壤、气候、水体环境、湿度、光照、风等综合的植物种植条件。只有适宜的生长条件才能孕育出苗壮的园林植物景观。综合植物种植条件，主要从乡土树种的运用、植物群落的构建以及合理保留规划场地的景观树种。

一、乡土树种运用

乡土树种是自然选择或社会历史选择的结果，是使生产者（绿色植物）、消费者（动物）、分解者（细菌、真菌）之间和生物与无机环境之间的相互作用使其关系达到良性循环的骨干，它们能与地方物种迅速建立食物链网关系，有效缓解病虫害，加强城市生态环境系统的稳定性和自我维持能力。另外，乡土树种苗源多，繁殖快，运输方便，而且能够反映地方特色，因此，应选择乡土树种作为城市绿化的基调树种。同时，根据物种多样性导致稳定性的原理，还应该适当选择那些经过驯化，证明已经能够适应本地条件的本地野生树种和外来树种，以丰富树种的多样性。所谓适地适树，也就是指根据气候、土壤等生境条件选择能够健壮生长的树种。乡土树种不仅要与周围的环境协调，做到优化环境。同时，具有适应该地区的土壤、气候条件，生长良好，抗病虫害等优点。

城市绿地系统规划中的树种规划，是园林绿地的构成要素，在城市园林化进程中，绿化树种规划水平起着举足轻重的作用。其选择和规划依据是根据生态学原理，对城市绿化树种做一个全面的、系统的安排，从发挥植物的光合效能、维持种群的稳定性、适应城市特殊的生态环境、保证物质循环和能量流动的正常运行方面来考虑植物的配置，按比例的选择一批适合当地的自然条件，在环境保护和结合生产中功效良好，能较好地发挥园林绿化多种功能，反映生物多样性效应，以及该地方特色和历史文化传统的树种。从而确定了乡土树种在城市园林景观中的地位作用。

乡土树种是经过长时间沉淀积累下来的适宜本土生长的植物种类，乡土树种是最能适合城市园林绿化的园林树木种类，利用乡土树种可以提高城市绿地苗木的成活率，更能体现城市乡土化景观。而且由于乡土树种运输费用低以及可以转种植费用，可以最经济的建设高档次园林景观。因此，可以大量开发与栽培乔木、灌木及草本植物等乡土树种，用于该地区城市绿地建设（见图6-1）。

图6-1　某高档别墅区利用乡土树种营造高品质景观

乡土树种的培育主要有两种方式,一种是采用实生苗,另一种是采用嫁接的方式。通常利用野生乡土树种的种质资源进行实生苗培育;或者利用野生苗木为砧木进行繁殖,其方法包括扦插、枝接、芽接、叶插等方法。

二、营造植物多样性

1. 城市生物多样性建构

对于一个城市而言,城市生物多样性是城市生物间、生物与生境间、生态环境与人类间复杂关系的体现,是城市中自然生态环境系统的生态平衡状况的一个简明的科学概括。根据生态学上多样性导致稳定性的原理,城市生物群落及其多样性对于城市景观的长期稳定协调至关重要。主要体现在,城市生物的存在,丰富与充实了城市景观的生态学内涵,增加了城市景观的自然度;同时,生物多样性的丰富和异质性的增加使用城市生态系统的物质循环、能量流动的渠道和方式多样化、复杂化,从而使其抗干扰的能力增强。因此,城市生物多样性对于维持城市的可持续发展至关重要。

生物多样性的减少或者丧失主要有以下六个方面的原因:栖息地的丧失;栖息地景观的破碎化;外来物种的入侵和疾病的扩散;过度开发利用;气候的改变;水、空气和土壤的污染。其中,景观的破碎和分割是威胁生物多样性的最主要的因素。栖息地的丧失导致物种的直接灭绝,而栖息地的破坏使物种缺乏足够大的栖息和运动空间,并为外来物种的侵入创造条件。

广泛利用一切生物资源,使城市中的生物具有广泛的基因图谱,使城市成为生物多样性的保护中心和博物馆。城市中的生物,既有本土特色物种,又有引进的优良的外来物种及野生物种;既包括一切可供观赏的园林植物,又包括具有抗性特性的环境绿化植物;既包括单株或者某部位具有观赏价值的生物,又包括生物群落或具观赏价值的群体;既需要利用大量具有特殊性状的生物栽培品种,又需要不断培育新品种以保护和遗传野生生物的基因多样性。

在郊区通过建立自然保护区或者森林公园,来规划、重建和维护本地原生生态群落、次生生态群落,从而在城市外围形成多层次、规模型、复合型的稳定的绿地系统,为野生动物提供一个良好的栖息所和避难所,从而为昆虫、鸟类、小型兽类等的引入创造良好条件,使整个园林空间更加异质化,将极大丰富物种多样性。

根据城市和郊区不同的发展导向和环境的特点,可以确定其不同的保护目标。

城市中有许多综合类公园和专题公园、植物园,因此,在保护生物多样性方面的潜力和意义十分巨大,但同时城市中地少人多,空间非常有限,所以,应该将就地保护和迁地保护相结合,保护的对象应集中于大量的特色物种、珍稀濒危物种、古树名木以及观赏价值高的本地种或者引进种。

郊区与城市相比,最大的优势在于其相对广阔的区域,因此,可以划定一定的地域作为自然保护区,以保护自然植物群落和生态系统为主,通过保护生境,进而保护生物,保护基因多样性。

尽管生物保护的景观规划途径有所不同,一些空间战略都被普遍认为是行之有效的。这些战略对克服上述人为干扰有积极作用。包括:建立绝对保护的栖息地核心区;建立缓冲区以减少外围人为活动对核心区的干扰；在栖息地之间建立廊道；增加景观异质性；在关键性部位引入或恢复乡土景观斑块。具体实施如下所述。

（1）在城市绿色大背景内建立生物多样性保护的核心区、缓冲区和边缘过渡区

在这些区域的某些地段划出禁游区，这一部分区域除管理人员和科研工作人员外禁止进入，使其成为生物多样性保护的核心区；在核心区的外围划定一定宽度的绿化过渡带，作为缓冲区，以保护核心区内的环境免受或者少受外界的干扰，从而维持核心区的生态相对稳定性和自然度，保证生物尤其是野生动物有一个安全的栖息、觅食、繁殖场所。另外，本地区还可以作为游览区，游人可以到达，但是，要限定在一定的数量范围之内；缓冲区的外缘即为规划的边缘区，这一部分将慢慢地成为向市区过渡的地带。

（2）在建成区各大公园绿地中建立小型斑块地

相对而言，小型斑块不利于林下种的生存，不利于物种多样性的保护，不能维持大型动物的延续，但是，小斑块可能成为某些物种逃避天敌的避难所，因为小斑块的资源有限，不足以吸引某些大型捕食动物，从而使某些小型物种幸免于难。同时由于面积小，可以出现在建成区景观中，具有跳板作用。

（3）在建成区的各大带状公园、道路绿地、防护绿带等区域建立生物保护廊道

城市中分散着大大小小的绿地斑块，相当于被城市基质包围着的孤岛，应该利用廊道，即各种各样的保护带和道路绿化带，把它们与城外的自然环境连接起来，栖息地斑块之间加强连通性，以形成城市大园林的有机网络，使城市成为一种开放空间。把自然引入城市之中，不但给生物提供了更多的栖息地和更大的生境面积，而且有利于城外自然环境中的野生动植物通过廊道向城区迁移。

为了保证廊道的生物迁移功能，廊道一定要保证适宜的宽度；在树种选择上，构成廊道的植被本身应是乡土植物；廊道的数量应该保证多于一条，因为多一条廊道就相当于为物种的空间运动多增加一个可选择的途径，为其安全增加一份保证。

2. 城市植物多样性建构法则

植物生态效益体现在绿量的积累以及植物种类的多样性。绿量的积累可以最大化的生产氧气，满足城市人口的呼吸需求以及城市耗氧因子的需求；植物种类的多样性，可以维持城市环境生态平衡。植物多样性的景观配置方式是将乔、灌、草、藤本、水生植物多种类型植物综合配置在一起，使生态环境趋于多样平衡。在景观环境中创造多种生态环境，为植物材料创造不同的生存环境，适应阴性、中性、阳性，以及酸性、中性、碱性等不同环境的植物类型，创造生态环境多样化、景观多样化的植物群落景观。根据美学和生态学统一的原则，以乔木为骨架，以花卉为点缀，以草地为基调，以藤本为脉络，将乔木、灌木和草本植物相互合理的配置在一个群落中，构成一个稳定的、长期共存的复层混交植物群落，既能充分利用空间资源，又能形成优美的景观。以此提高环境多样性和园林的自然度，从而获得较高的生态效益。如今，许多科研单位从多种野生草本植物中培育出多种观赏植物，为植物多样性景观增添了许多素材，为更大的生态效益提供可能。目前有许多公园广场以及学校景观倡导野草之美，追求回归自然的原始景观状态（见图6-2、图6-3）。

图6-2 人工湿地景观

图6-3 昆明世博生态城林下地被景观

三、合理保留场地原有树木

植物在移植过程中由于养分大量流失，在适应新的环境时导致生长停顿或缓慢，影响景致效果，尤其是大树移植耽误的时间会更长。所以，如果场地有现成的苗木，那将是创造景观的最大财富。在进行场地规划之前，事先考虑现有的树木，作为下一步规划的基础。例如，在城郊进行别墅楼盘的开发，往往基地现状存在野生树苗，这时可考虑根据现状野生树苗所产生的景观效果，为别墅楼盘定位，比如松涛雅苑、木樨香居、桦林轩舍等。用最经济的方式创造高品质景观。保留现有植被景观应处理好如何将野生的观赏景致较差的植被景观改造成观赏效果、生态效果、使用效果俱佳的植物群落景观。例如位于昆明世博园北侧的世博生态城，坐拥世博园几万平方米的绿色空间，原来基地为一片桉树林的山林，杂草丛生。在改造过程中，采用了保留上层桉树林，林下地被根据景观效果进行了梳理：地被效果较好的进行保留或改良，而效果差的参考原有的地被形态采用更换的办法，在后期的景观改造中还引进了部分外来地被植物，使世博生态城的地被植物多达几十种。由于地形崎岖不平，在进行改造过程中为了不破坏这些原生植被，采用栈道的形式予以保护（见图6-4、图6-5，表6-1）。

图6-4 昆明世博生态城新增的地被植物

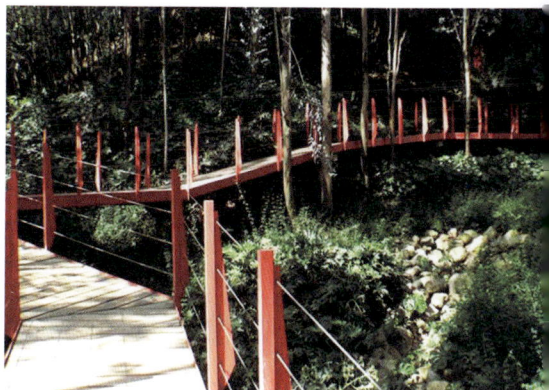

图6-5 昆明世博生态城采用栈道保护地被植物

表6-1 昆明世博生态城常用植被一览表

序号	名称	拉丁学名	科属	使用情况	备注
1	肾蕨	*Nehprolepis cordifolia*	肾蕨科肾蕨属	原有，少量保留、坡面地被	
2	迎春花	*Vasminum nudiflorum*	木樨科茉莉属	增加，修剪绿篱及地被	
3	八角金盘	*Fatsia japonica*	五加科八角金盘属	增加，路侧地被	
4	红花酢浆草	*Oxalis chassipes*	酢浆草科酢浆草属	增加，外沿地被	
5	紫叶小檗	*Berberis thumbergii* f·atropurea Rehol	小檗科小檗属	增加，色叶剪型	
6	春鹃	*Rhododendlon simsii*	杜鹃花科杜鹃花属	增加，剪型、观花	
7	扁竹兰	*Iris confusa*	鸢尾科鸢尾属	增加，自然状态坡面地被，观花	
8	花叶常春藤	*Hedera nepalersis* cv.dicolor	五加科常春藤属	增加，坡面地被、垂直绿化	
9	洒金桃叶珊瑚	*Aucuba chinensis* f·variegata	山茱萸科桃叶珊瑚属	增加，地被、绿篱	
10	常春藤	*Hedera nepalersis*	五加科常春藤属	增加，坡面地被、垂直绿化	
11	十大功劳	*Mahonia fortunei* car·rubrum	小檗科十大功劳属	增加，自然状态地被	
12	萼距花	*Cuphea ignea*	千屈菜科萼距花属	增加，自然状态地被、观花	
13	鹅掌柴	*Schefflera actophylla*	五加科鹅掌柴属	增加，地被、绿篱	
14	春羽	*Philoderdron selloum*	天南星科喜林芋属	增加，水边绿化	
15	沿阶草	*Ophiopogon japonicus*	百合科沿阶草属	增加，自然状态坡面地被	
16	红花檵木	*Lorpeta lum chinense*	金缕梅科檵木属	增加，绿篱	
17	银边草	*Arrhenatherum elatius*	禾本科燕麦草属	增加，坡面地被	
18	龟甲冬青	*Ilexcrenata* cv.Convexa	冬青科冬青属	增加，绿篱	
19	华东山茶	*Camellia japonia*	山茶科山茶属	增加，绿篱、观花	
20	芦苇	*Phragmites communis*	禾本科芦苇属	原有，路侧生态绿化	
21	夏鹃	*Rhododerdron simsii*	杜鹃花科杜鹃花属	增加，绿篱、观花	
22	大叶黄杨	*Euonymus japonicus*	卫矛科卫矛属	增加，绿篱	
23	金边过路黄	*Lysimachia nummularia*	报春花科珍珠菜属	增加，外沿低矮地被，色叶地被	
24	南天竹	*Nardina domestica*	小檗科南天竹属	增加，绿篱,点缀用地被	
25	秋海棠	*Begonia evansiana*	秋海棠科秋海棠属	增加，外沿低矮地被，观花地被	
26	火棘	*Pyracantha fortuneana*	蔷薇科火棘属	增加，绿篱、观果	

第二节 符合场地功能需求

不同的景观场所有不同的使用需求，而作为景观主要元素的植物景观应符合场所的需求，顺应场所的特殊作用配置相应的品种和群落结构。一般根据使用强度，可以将场地景观分为高强度使用绿化空间、中强度使用绿化空间和低强度使用绿化空间。绿化空间的不同使用强度其种植形式不一样，种植强度及种植风格也不同。

一、高强度使用空间绿地设计形式

高强度使用绿地，一般人流量比较大，要求预留较多的集散空间，绿地所占比例相对较小。而为了方便使用，需要提供更多的林荫，往往要求种植高大乔木，并采用花坛的形式，一方面可以为景观场地提供四季常新的色彩要素；另一方面环绕种植池布置花台将其设计成座椅的形式满足游客休憩的需要。如商业步行街绿化广场，其公共环境应在保证人流畅通功能的同时，改善商业区生态环境。采用枝下高大于2m的彩叶树，矩阵布置成林荫广场，树干周围结合树根的保护配置休息坐椅。这种方案可降低50%的灰尘和噪声，并可降低光污染，提高了商业区的景观视觉效果同时改善了使用功能（见图6-6）。另外在一些居住区公共空间中为了凸显绿化品质，往往采用多种铺装组合的方式，将铺装作为景观设计的元素之一，植物则穿插其间形成色香形俱全的植物群落组景，满足居民行走集散需求的同时，创造精致的环境空间。

例如大连新市区居住区品质：环境多元化的风格济济一堂相得益彰。娇小玲珑的俊俏，恰与围合感极强的庭院空间相匹配，多种停留空间可加强邻里的交流，增进居住理念。植物配置：多种花灌木及地被物组合形成精致、赏心悦目的小尺度空间（见图6-7）。

图6-6 高强度商业街使用空间绿化形式

图6-7 高强度居住区使用空间绿化形式

二、中强度使用空间绿地设计形式

中强度使用空间绿地往往具备极佳的植物群落背景，而行走集散空间则占较少的比例，只是穿插在绿地之间的观赏步道和很少的小型广场。植物配置形式多样，根据不同场地的特点采用不同设计形式。如工厂防护林是工厂污染源的净化绿地结合厂区工人少量游憩设计的中强度使用空间，主要依靠气流的扩散和植物的吸附，因此绿化结构应是：靠污染源最近面采用草花、灌木、小乔木、乔木，使朝污染源面呈阶梯上升趋势。这种配置方式可使接触污染源的面积最大化，从而最大限度地净化空气：可使灰尘降低75%、毒气流扩散度降低80%。在乔木林下还可结合休息设施设计成游园，既不影响空气的净化效益，还可为工厂职工提供较好的休息场所。采用多种植物配植成多样性景观组团，营造丰富多彩的景观效果（见图6-8）。

路侧游园的横向用地紧张，人行道空气质量差且不易改善，景观和功能之间的矛盾突出，将城市人行道与路侧游园绿地结合，使绿地面积相对扩大，加强了防护功能的同时，强化了游园功能和景观功能。结构上：临街面形成污染空气的防护墙，使游园处在静谧、安详、宜人的空间之中。植物景观采用乔灌木搭配的方式，形成一个防护面及内侧的幽静效果（见图6-9）。

经济林特点是纯林多，与市区景观相比异质性大，休闲观赏潜力大。具体做法是在果园开辟游路网，在不同的果园区间设置简易的游憩设施，使经济林带的景观指数增加，在提高果园经济效益的同时，带动旅游发展。城市居民在享受田园自然风光的同时也可亲身体验农事的乐趣（见图6-10）。

图6-8 中强度工厂防风林使用空间绿化形式

图6-9 中强度路侧绿地使用空间绿化形式

平面图　　　　　　　　　　　　　　　　　立面图

图6-10　中强度果园使用空间绿化形式

三、低强度使用空间绿地设计形式

低强度使用空间的绿地往往以观赏或生态效益为主，植物群落景观要么是以观赏为主，运用浪漫手法的疏林草地景观和四季变化丰富又具有质感色感的植物群落；要么是突出强调植物多样性带来的生态平衡与稳定以及和其他生物共生共存的生态效益。如防风林的植物景观设计，根据气流流动特征，防风林的结构宜引导气流流向，从而分散风流，达到降风的效果，因此防风林迎风面的最前沿采用抗风灌木组团，依次采用小乔木、乔木，使迎风面呈阶梯上升。以植物乔灌比3：2；常绿和落叶比5：2这种配置方式，可使风速降低70%。

利用多种植物配置组团，营造饱和的景观效果，高低错落的乔灌木组合形成自然群落景象，美化城市外围绿带（见图6-11）。如居住区外围的风景林，运用浪漫的手法，与居住区公共空间的开阔相匹配。开朗的景致，让疲惫的身心得到抚慰，让惺忪的大脑焕然一新，体现着家的温馨。其景观结构为开阔平坦的视野，若实若虚的背景，近、中、远景明晰，视线层次明朗。植物配置原则：近景是大色块的草花带、中景是花灌木群落、远景是落叶和常绿乔木形成的背景屏障（见图6-12）。另外在许多城市生态廊道的植物景观设计中，重点突出小动物的庇护场所和生态效益极好的植物景观群落效果。生态廊道需具备流通性、阻滞性、过滤性。要求物种多样，群落丰富度大，生境多样。形成城市生物通行的庇护廊道，可阻滞污染进入，过滤空气。植物配置横剖面呈等边三角形，由草本植物、灌木、乔木呈阶梯上升。两侧观赏效果俱佳，植物群落美感突出，异质景观多样（见图6-13）。

平面图　　　　　　　　　　　　　　　　　立面图

图6-11　低强度防风林使用空间绿化形式

图6-12 低强度居住区风景林使用空间绿化形式

图6-13 低强度城市生态廊道使用空间绿化形式

第三节 符合场地审美需求

一、营造地方植物特色

民族的才是世界的，乡土的才是最美的。营造乡土的植物景观才能真正意义上打造地方的景观风貌。营造地方植物特色不仅仅是简单的选择地方树种，还得向乡土的植物景观群落学习，学习其植物的生态搭配方式，色调的调和，质地的穿插，配以当地特有的自然条件及建筑营造质朴的风格，并通过本土的市花市树加以强化。城市园林是城市特色要素的重要组成部分之一，与建筑小品和生活服饰结合起来，起着烘托、活跃和丰富城市特色氛围的作用。一个好的城

图6-14 昆明市花滇山茶

市，园林中必须有经过多重筛选并大量繁殖栽培的优势树种，形成代表各自地域的园林景观或风格，如广州的木棉、海南的椰子树、成都的木芙蓉、昆明的茶花等，无不具有鲜明的城市特色（见图6-14）。

二、营造符合使用者审美情趣的植物景观

绿化结构配置的好坏直接影响到城市景观的效果。植物配置的多样性，包括四季花卉的布局，常绿植物与落叶植物的合理配置，乔、灌、草、藤本植物的有机结合，平面的与立体的装饰效果，总的说来，就是如何利用园林植物来达到城市的绿化、彩化、香化、美化，让人赏心悦目。

①"春花、夏荫、秋实、冬阳"，突出季相变化的原则。利用植物不同的生长发育特性，强化景观的季节变化，突出季相景观特色，创造出春季繁花似锦，姿色绚丽；夏季绿意葱葱，浓荫蔽日；秋季硕果累累，万山红叶；冬季满目苍翠，枝间透阳的四季景观。

②乔木为主，灌、藤、花、草适当搭配，错落有致。

三、顺应场地特征营造植物景观

1．场地的生态环境差异

虽然同一个城市中大的环境都是一致的，但在不同的场地由于光照的不同、土壤的区别、水分多寡不一以及温度、空气质量不均匀等造成微气候（见图6-15），导致在同一个城市中的生境区别，而产生不同的植物景观效果，例如同样在昆明的法国梧桐，在拓东路人行道侧，秋天的叶子显得金黄灿烂，画

图6-15　地形、朝向、地面资源不同造成微气候

面清爽，而在东二环上则色泽灰暗，画面脏乱。场地特征的区别在于朝向的不同、地形的不同、现有资源的不同（例如是否有水源、是否有大树、土壤是否适合植栽等）。在中国大部分地区太阳每日行走路线为从东升起、略微向南偏移，最后沉落于西方，因此，对于场地来说，其朝向就决定了日照的多寡。最佳的朝向应是坐北朝南，对于建筑环境来说坐向略微向西，以保证每个房间都能晒到太阳。因此，日照多寡的排列秩序为：坐北朝南、坐西北朝东南、坐东北朝西南、坐西向东、坐东向西、坐西南向东北、坐东南向西北、坐南朝北。因此应根据朝向选择喜阳性和阴性植物。另外根据城市的风向可以分为迎风面、背风面及顺风面，通常迎风面干燥，背风面湿润，顺风面处于中间位置，根据是否迎风可以确定场地的干湿程度，从而确定植物的耐湿性与耐旱性。而城市土壤每个地方酸碱性不一，也造成植物的酸碱性的不同选择。加上各地的附加资源不一样，也致使场地的微气候特征不一样。场地中如有地下水，则场地湿润；场地中如有野生植被，则土壤肥厚湿润等均是改变场地种植条件的因素。城市中由于地面覆盖物及建筑等人工环境的不同，还会造成局部气温的差别（见图6-16、图6-17）。

虽然有很多植物种类都适合于基地所在地区的气候条件，但是由于生长习性的差异，植物对光线、温度、水分和土壤等环境因子的要求不同，抵抗劣境的能力也不同，因此，应针对基地特定的土壤、小气候条件安排相适应的种类，做到适地适树。

图6-16 迎风面和背风面微气候的形成

图6-17 城市不同地面覆盖物微气候的形成

①对不同的立地光照条件应分别选择喜阴、半耐阴、喜阳等植物种类。喜阳植物宜种植在阳光充足的地方，如果是群体种植，应将喜阳的植物安排在上层，耐阴的植物宜种植在林内、林缘或树荫下、墙的北面。

②多风的地区应选择深根性、生长快速的植物种类，并且在栽植后应立即加桩拉绳固定，风大的地方还可设立临时挡风墙。

③在地形有利的地方或四周有遮挡并且小气候温和的地方可以种些稍不耐寒的种类，否则应选用在该地区最寒冷的气温条件下也能正常生长的植物种类。

④受空气污染的基地应注意根据不同类型的污染，选用相应的抗污染种类，大多数针叶树和常绿树不抗污染，而落叶阔叶树的抗污染能力较强，臭椿、国槐、银杏等就属于抗污染能力较强的树种。

⑤对不同pH值的土壤应选用相应的植物种类。大多数针叶树喜欢偏酸性的土壤（pH值3.7～5.5），大多数阔叶树较适应微酸性土壤（pH值5.5～6.9），大多数灌木能适应pH值为6.0～7.5的土壤，只有很少一部分植物耐盐碱，如乌桕、苦楝、泡桐、紫薇、柽柳、白蜡、刺槐、柳树等。当土壤其他条件合适时，植物可以适应更广范围pH值的土壤，例如桦木最佳的土壤pH值为5.0～6.7，但在排水较好的微碱性土壤中也能正常生长。大多数植物喜欢较肥沃的土壤，但是有些植物也能在瘠薄的土壤中正常生长，如黑松、白榆、女贞、小蜡、水杉、柳树、枫香、黄连木、紫穗槐、刺槐等。

⑥低凹的湿地、水岸旁应选种一些耐水湿的植物，例如水杉、池杉、落羽杉、垂柳、枫杨等。

2. 场地精神特质差异

在进行景观植物配置时首先要了解该场所是用来干什么的，市政广场、居住区、道路厂区绿化等，因为不同绿地类型对植物景观的要求也不一样。对于市政广场，人流如织，代表着城市的展示形象，因此该类型的城市绿地在植物选择中往往是精挑细选一些造型漂亮、色彩醒目、并带有观花、果，闻其芬芳的附加观赏价值的一些植物，在满足提供林荫和观赏对象时也是重点考虑其遮阴效果、无毒、观赏性好等；而进行植物配置时也充分考虑人流走向，合理搭配植物观赏面，适当考虑生物多样性和保证生态效益平衡。对于居住区绿地，则根据居住区品位高低以及风格来确定不同类型的植物，如以水为线索的楼盘往往选择枝条柔美以及阳性、水生植物为骨干植物，在配置时应该注重水文化的提炼，突出湿地生态效果。如果以山为线索的楼盘往往突出其原始山地的粗犷或疏林草地缓坡地带特征，配置以质感浑厚、线条硬朗的乔木及色彩鲜艳的野生花卉，突出原野的生态美。对于街道绿化，植物类型则更加单一，要求具有干直、荫浓、结实、无毒等的植物，如香樟、法国梧桐、细叶榕、椰子树、羊蹄甲等（见图6-18～图6-21）。

图6-18　公园的植物营造宁静的氛围

图6-19　哈尔滨某政府大院旁的植物景观

图6-20　人行道上列植的植物景观

图6-21　高低错落的植物环绕形成幽静的休息环境

第四节　符合历史文化需求

每个城市都有自己的历史，经年累月的洗礼与演变，积累了大量的文化内涵，这些内涵体现在城市的外表气质以及生活在这个城市空间的人类文化甚至是市民的生活习惯等方面。世事变迁，随着城市的不断发展，虽然城市在成长历程中不断改变着自己的着装打扮，但终究不脱离自身的韵味，这种由内到外的韵味，让城市充满了魅力，诱惑着四面八方的游客前来欣赏与膜拜。

迄今，我国政府已将100座城市列为中国历史文化名城，并对它们进行了重点保护。这些城市，有的曾被各朝帝王选作都城；有的曾是当时的政治、经济重镇；有的曾是重大历史事件的发生地；有的因拥有珍贵的文物遗迹而享有盛名；有的则因出产精美的工艺品而著称于世。它们的留存，为今天的人们回顾中国历史打开了一个窗口。根据《中华人民共和国文物保护法》，历史文化名城是指"保存文物特别丰富，具有重大历史文化价值和革命意义的城市"。中国的100座历史文化名城如下。

国务院1982年公布的我国首批24个历史文化名城有：北京、承德、大同、南京、苏州、扬州、杭州、泉州、景德镇、曲阜、洛阳、开封、江陵、长沙、绍兴、广州、桂林、成都、遵义、昆明、大理、拉萨、西安、延安；国务院1986年公布的我国第二批38个历史文化名城有：上海、天津、沈阳、武汉、南昌、重庆、保定、平遥、呼和浩特、镇江、常熟、徐州、淮安、宁波、歙县、寿县、亳州、福州、漳州、济南、安阳、南阳、商丘、襄樊、潮州、阆中、宜宾、自贡、镇远、丽江、日喀则、韩城、榆林、武威、张掖、敦煌、银川、喀什；国务院1994年公布的我国第三批37个历史文化名城有：正定、邯郸、新绛、代县、祁县、哈尔滨、吉林、集安、衢州、临海、长汀、赣州、青岛、聊城、邹城、临淄、郑州、浚县、随州、钟祥、岳阳、肇庆、佛山、梅州、海康、柳州、琼山、乐山、都江堰、泸州、建水、巍山、江孜、咸阳、汉中、天水、同仁；增补中国历史文化名城10处（2001~2007年）有：山海关区（秦皇岛）、凤凰县、濮阳、安庆、泰安、海口、金华、绩溪、吐鲁番、特克斯。

我国是一个历史悠久的文明古国，在这些历史文化名城的地面和地下，保存了大量历史文物与革命文物，体现了中华民族的悠久历史、光荣的革命传统与光辉灿烂的文化。做好这些历史文化名城的保护和管理工作，对建设社会主义精神文明和发展我国的旅游事业都起着重要的作用。

在这些历史文化名城中还保存了大量的植物资源，有历史悠久达千年的古树，记载着山雨风情与历史变迁。如在河南洛阳国家牡丹园凤丹牡丹林内的一株"千年牡丹王"花朵绽放，株高2.5m以上，花朵直径13~20cm，花期长达月余（见图6-22）。

图6-22 闻名遐迩的洛阳牡丹

为了保护城市的历史文化以及强化其品位，城市的植物选择与景观设计应当作为一门课题进行研究。通过研究大量的历史文献确立城市植物景观设计模式，采用现代先进的技术手段以及多样的植物品种进行补充与完善。根据城市自身的特色选择与之相匹配的植物种类（主要考虑乡土树种），从宏观的角度进行景观控制（所谓基调树种与骨干树种），微观层面的植物景观可适当借鉴国内外先进配置手法达到景观效果与生态效果的协调统一，不能失去城市自身的总体特色，既做到保持自身历史文化延续，又要用现代科学的手段和设计手法打造成与时俱进的绿色景观面貌。

第五节　符合经济节约需求

城市的建设需要消耗大量的人力物力，城市绿色景观建设是城市建设的一个环节，能从这个环节上以节约型建设作为出发点，为城市建设省下大量的建设经费，并用于更多的建设环节中去，促进城市的健康良性建设循环，使之能花最少的钱办最多最好的事。经济节约的绿地建设在植物景观运用上考虑以下要点。

1. 尽量以乡土树种为主

因为乡土树种的种质资源就近取材，减少运输费用，并减少因移植外来树种造成的死亡率。

2. 植物配置时尽量采用地被代替草坪

从长期经营的角度来看，使用草坪将造成养护费用高居不下，因此设计过程尽量使用木质类地被，在入口以及形象展示区域采用一年生或多年生草本进行点缀（见图6-23）。

3. 植物配置考虑长期生态效益以乔灌草组合的方式配置

城市的发展趋势是越来越向绿色生态靠齐，与城市的发展方向的一致将使植物配置景观长存。在植物景观配置中，将乔木、灌木、藤本、草本等多种植物所具有的不同生态效益集中布置在一块将达到生态效果的最大化，从而形成局部群落的长期稳定，这种稳定所带来的生态效益是无法替代的。

4. 高标准艺术效果配置

在很多地方植物景观配置品质不高，随着城市的发展，这些低品位的植物景观越来越不适应人们的观赏需求，以致成为人们视觉上的眼中钉，推倒从来势在必行，造成重复建设。一个经典的植物景观效果将是永恒的，所以以高标准的艺术水准进行设计将避免重复建设带来的经济浪费。

5. 选择高科技手段

社会的发展催生出大量的绿色生态产业，这些产业的出现促进了社会的绿色发展，比如大树移植过程采用现代技术的恢复营养液、树苗移植技术、培育技术等，为绿色事业注入了大量的新鲜血液，利用这些高科技手段进行移植培育，将使植物种植更加简单可行、成活率更高，减少以后的养护管理精力和费用（见图6-24）。

图6-23　采用不同形态的灌木和石头作为地被景观

图6-24　大树移植时给大树"输液"保证其成活率

第七章

各种小环境植物景观设计

　　在植物景观设计过程中往往会涉及与各种现有人工环境所进行的协调搭配与空间设计，使人工环境在植物景观的映衬下更显柔和与风采。因此，在设计中我们首先应该对该人工环境立地条件进行考察分析，在适应这一条件的前提下，合理配置。而在设计中，景观效果、技术问题以及施工难度是此环境设计的主要问题所在。

第一节　建筑外环境与植物景观设计

建筑外环境泛指由实体构件围合的室内空间之外的一切活动空间领域。几乎所有的建筑都和自然环境直接或间接相联系，尤其是在日益注重生态环境的今天，即使建筑密度最大的城市中心商业区也会见缝插针地考虑种植树木或设立花台。建筑外环境的植物种植不仅加强了建筑本身的艺术美，让自然的绿色或秋天斑斓的色彩去辅助建筑冷漠的人工色彩（平淡的暖色或生硬的冷色），

植物柔美的姿态与丰富的色彩同样拭去了建筑冷硬的线条和单调的色泽，让人为的艺术和自然的巧做配合得天衣无缝；同时植物放出的氧气和香味也改变了人口密集的建筑环境的空气，增加了清新。建筑的外环境主要考虑以下几个场所要点：建筑出入口、窗下、基础、墙角、墙体以及过廊、屋顶花园、庭院等（见图7-1）。

图7-1　植物景观柔化了建筑生硬的棱角

一、建筑出入口植物景观设计

建筑的出入口是建筑的主要形象景观，通常要求标志明确、景观效果好、视线及采光、通风都俱佳。植物设计应顺应这样的要求，进行景观改良，使入口功能更加明确。建筑的出入口因性质、位置、大小、功能各不相同，在植物配置时应充分考虑各相关因素，进而进行合理协调。通常主入口比较大，处于显要位置，出入人流量也较大，因此植物选择中应优先考虑株形优美、色彩鲜明、具有芬芳气息的类型，在植物配置时也要求简洁大方。在一些大型公共建筑入口前

图7-2　植物景观强化了建筑的入口标志

最好还能制造出层次鲜明的造型，采用大型植物以及分层次的地被彩带；而在私人住宅入口则应营造出亲切宜人的小尺度空间（见图7-2）。次入口相对较小、处于不显眼的侧面，出入人流相对较少且固定，这样的出口往往是建筑附属功能的通道，比如停车场、后勤地等，因此在植物选择中宜亲切精致，可以营造一些植物组团景观，以便近距离观赏（见图7-3、图7-4）。

图7-3　建筑入口的植物景观有向入口倾斜的方向感

图7-4　建筑入口的植物景观

二、建筑窗前植物景观设计

建筑的窗户主要起到采光、通风的作用，也是人们观赏屋外风景的一个主要视点，在进行植物设计时也应考虑这里的景观效果。很多人都有坐在窗前观赏窗外树影婆娑、侧耳聆听虫鸣鸟啼、阵阵花香沁心袭鼻的体验。这种自然之形、天籁之音能激发出人的幻想和美好情绪，往往也可以使激动的情绪得到缓解、令迟钝的思维得到开发、让痛苦的经历得以忘却，从而使一切烦恼在这花鸟丛中慢慢消散。这是我们设计的源泉，顺应人们对美好生活的向往，一点一滴去创造。总体来说，窗前植物选择要求株形优美多姿、四季变化丰富、能吸引小鸟、最好具有香味的植物类型，比如桂花、黄角兰等。在种植设计时，应考虑植株和窗户高矮、大小，计算窗户间的距离，选择大小适宜的植物。注意最低层建筑窗户的高矮和大小，选择的植株一定是低于窗台或略高一点，但不能过高，以免遮挡观者视线，有碍采光。建筑窗前的植物选择还要注意窗户的朝向。如果该建筑窗户东西朝向，则植物最好选择落叶树种，以保证夏日的树荫和冬日的阳光；南北朝向的建筑这种限制就可以解除，因为太阳升落方向和窗户方向几乎平行或呈小角度。但是大部分建筑并非完全和太阳升落方向是平行或垂直的，因此其窗户和太阳的照射方向总有一定的角度，就是说人们都可能遭受到夏日的烈晒和冬日的荫蔽。那么在这样的建筑形式下，窗户前的植物设计就可归纳为均可采用常绿树种，而为了保证光线和通风，要求植物与建筑之间保持一定的距离（一般为3m以上）（见图7-5～图7-8）。

图7-5　婆娑的枝叶增添了景窗的生机与层次

图7-6　窗前的植物配置注意虚和实的处理

图7-7　景窗起到图框的作用

图7-8　建筑窗前绿化要考虑视线及基础保护问题

三、建筑墙基植物景观设计

建筑墙基是建筑体的基础部分，这部分建筑形态在建筑结构中起着支持墙体的作用，是整个建筑的承载部分。在外形上表现为比墙体宽，而且采用和墙体不同的装饰材料，常见的有砖饰、自然石材，在现代钢筋混凝土时代，建筑墙基的装饰材料更加广泛，出现了种类繁多的人工石材、钢材等不同的装饰形式。建筑墙基是建筑体这一人工产物和大地直接接触的形式，涉及与自然景观自然协调和技术处理的问题，建筑墙基植物设计就是缓解建筑生硬的边界，和自然和谐过渡的重要手段。在植物设计中把握好在不破坏建筑墙基以致造成房屋坍塌的原则上尽量通过植物这一柔美的材料将建筑这个人工产物和自然完美融合在一起。配合建筑墙基所用的材料，通过它的色彩、质感的趋向性选择恰当的植物，比如建筑墙基的色彩浓艳、质地粗糙，那么植物选择应以纯净的绿色为主，质地轻柔，形成对比和谐统一；如果建筑墙基为灰色调、质地中性，所选择的植物范围就较宽，既可是彩色植物也可是净色植物，质地要求也不严格。植物的选择更多的依据建筑的性质，比如纪念性建筑就应选择庄重的树种。以上的归纳是按常规的配置原则设计的，在很多场所中，可能建筑性质和建筑基础的色调有些冲突，这时选择的植物保守些不会出错，但要设计得有个性可能还得需要些斟酌。在墙基保护方面，要求在墙基3米以内不种植深根性乔木或灌木，在这个范围以内应种植根较浅的草本或灌木（见图7-9～图7-10）。

图7-9　墙基的植物选用一定是浅根性的，同时注意层次的运用

图7-10　从路边向建筑望去，由低到高的层次错落有致

四、建筑墙角植物景观设计

建筑的墙角棱角分明看起来十分坚硬而不近人情。墙角的观赏面往往是呈一定角度，多数是以90°为主，也有呈锐角和钝角的。这样在植物设计时按照观赏角度呈扇形展开，由墙角到外侧，由高到低逐步展开，犹如盆景的设计（见图7-11）。如呈锐角视线范围小，空间狭窄，这样的角落主要是为了起装饰墙体的作用，选用的植物不必太复杂，观赏距离不必太大，层次也可简单些，往往选用一些浅根性的大型植株作为装饰墙体内侧的植物（如竹子、芭蕉、棕榈等植物），外侧采用花灌木或观赏草作为第二个层次，将视线完全吸引到茂密的植物景观中，而忽略这里是墙角。

如呈钝角视线范围大，空间宽阔，这样的角落可以当作单面盆景来设计，选用的植物可以复杂些，观赏距离也可远一些，这样层次鲜明丰富，根据视距大小可以分为三个，甚至四个至五个。同样由于靠墙基的原因内侧选用一些浅根的大型植株作为墙体装饰，然后配以开花小乔木或大灌木点缀（如海棠、桃李杏等植物），外侧采用花灌木或观赏草作为第三个层次（如绣球花、栀子、八角金盘、海芋等植物），如果视距允许的话，可采用植株矮小的观赏花卉或更低矮的草坪（如三色堇、孔雀草、石竹等植物），中间点缀小雕塑或置石。植物茂盛而富有层次，景致细腻幽雅。

直角按照视距的大小类似于钝角或锐角的设计方法（见图7-12）。

图7-11　从路侧到墙角植物成序列推进

图7-12　墙角的植物配置可运用地形和植物的高矮营造丰富的层次递进关系

五、建筑墙体植物景观设计

墙体是建筑的主要内容，也是和室外空间接触最多的面。墙体的绿化主要采用藤本植物和盆栽或者人造花进行装饰。墙体绿化不仅可以改善墙体的外观，同时还可以改善墙体的冷热程度。因此墙体绿化主要考虑墙体的自身美感和朝向。

如果墙体自身的美感很强，那么墙体绿化只是适当地点缀一下。墙体如没什么美感可言，那么墙体绿化可以起到很好的装饰作用，比如可以大面积的进行藤本覆盖或者结合墙体涂料采用塑料花装饰（在城市美化活动中，一些重要的街区常常用此方法装饰老建筑）。重要的细节就是需要评估该墙体的美感程度或美的趋势（古典的、现代的、中性的）以及美的组成要素（色彩美、质地美、造型美），利用所评估的结论进行恰当的改造。要注意墙体绿化可能会带来的隐患，比如由于藤本植物的枯萎而造成的墙体污染，或是盆栽过程换土引来的墙体脏、坏，因此在管理方面需及时修正。

在进行绿化时还得考虑墙体的朝向问题，墙体的朝向意味着墙体接受阳光照射的强度，意味着所选择植物的阴阳性取向不同以及常绿或落叶树种的确定，如果是南北朝向可以选择常绿植物，因为太阳的照射对其墙体冷暖程度影响不大，而处于东西方向的墙体则可选择落叶的植物，保证墙体的冬暖夏凉。

墙体绿化有点播、线播和盆栽三种形式。采用点播往往依靠柱体，藤本植物可以顺势攀缘而上；采用线播往往是沿着墙基直线种植，藤本植物可以沿着整个墙面覆盖，形成绿色墙面；采用盆栽，如果是当街面则可统一容器的形式、植栽的内容，进行统一规划（见图7-13）。

图7-13　采用攀缘植物进行墙体绿化，让墙体色彩更加丰富

六、建筑过廊植物景观设计

过廊是建筑体之间相连接的部分采用封闭或半封闭的带状建筑体。过廊如果是封闭的，涉及不到内外渗透的问题，其设计方式同建筑体本身。如果是半封闭甚至开敞的形式，那么设计考虑到内外视线的交融，情况相对较为复杂。由于受到其廊顶部以及廊柱的限制，视线范围受限，其观赏的景色在高度上受到控制。过高过近视线展不开会感觉压抑局促，当然要故意造成这种欲扬先抑的效果则另当别论，因此大部分的设计应在一定距离、一定植物高度范围以内展开。而对

图7-14　过廊外的植物配置或近或远虚实得当

于外部的视线则是开敞的，其过廊的外部景观是这个植物景观构图的主要内容，在视线上的影响是呈横向展开，可能会中断过廊左右的景致。因此过廊两边的联系要素采用超过过廊本身高度的植物，这种植物要素在过廊两侧遥相呼应是整个园子统一的关键。设计应考虑过廊及其周边建筑的特点，配以符合其特征的植物景观。这里过廊两侧的植物景观搭配可以合理运用廊柱和屋顶构成的景框，以此景框为画框来构图，逐步展开一系列的画卷（见图7-14）。如果是半封闭的廊，其植物景

观在若隐若现的画幕中更加别致多姿。

在植物配置中，以图7-15为例垂直方向从过廊中心的视线开始一直到最高的那棵树的距离B和视角A成反比，和最高树的高度C成正比；水平方向从过廊中心的视线开始一直到最高的那棵树的距离B1和视角A1成正比（见图7-15）。

图7-15　过廊植物配置距离与视角的关系

七、屋顶花园植物景观设计

屋顶花园（rooftop garden，roof garden，green roof）顾名思义是建筑屋顶的园林景观，主要以植物种植为主。屋顶花园涉及的内容较多，不但可以单独当作一块独立的场地进行设计，要求功能相对完整，而且其中所涉及的技术问题也较复杂。比起地面上的园林景观来说，更多的要考虑可行性问题。这部分的详细设计内容参考有关屋顶花园设计的规范和专集。

在生态问题日益严重、人们审美品位日益提高的今天，屋顶花园受到越来越多人的关注和爱好，也是城市计划中的一项重要工程。屋顶花园不仅可以改善使用环境的空气质量、增添使用情趣，而且还可以在更大的城市范围内净化空气、美化城市，减轻由于城市高密度建设带来的绿化空间不足的问题。另外屋顶绿化还可以改善屋顶性能，通过植被可以保护建筑屋顶的防水层和隔热层，从而起到冬暖夏凉的作用，还可延长屋顶的寿命。屋顶花园最大的限制因素是承重和防水问题，保证了这两个问题，屋顶花园植物的选择是比较多样的。由于承重有限，因此尽量限制屋顶附加物的重量，主要附加重量包括土壤和植物的净重（产生静荷载），另外考虑人活动所产生的活荷载以及附属的基础层。那么要控制主要的静荷载则要通过减轻土壤的厚度。屋顶花园的环境特征是风大、土壤薄、阳光照射时间长、水分蒸发快等，因而植物选择上保证易成活、根浅、低矮、阳性的特点，在这样的条件下植物配置可以大胆发挥，根据使用者的使用和审美要求，进行配置。屋顶花园是室内活动空间的一个延伸，在满足主人或使用者的活动空间的前提下配置，植物景观往往更多的是处于边角位置，如果屋顶花园面积大，服务功能也较齐全，那么设计时按照一般的小游园规划即可。为了掩饰墙角等生硬的障碍，往往在沿墙体周围种植枝叶茂盛的常绿植物，同时要求浅根性以免破坏防水层和墙体满足浅土的生长条件，这样的植物有芭蕉（植株较高酌情考虑）、竹子等，在其下面可以配置海芋、朱蕉、龟背竹等枝叶繁茂的多年生草本植物，通过这种视线阻挡的处理办法，让这个花园成为真正的世外桃源，如果想俯瞰城市景观则可事先预留好观景点，设计一两个观景平台。花园内部的设计辅助活动功能，配合活动设施（棋牌、秋

千架、休息、游泳）合理安排。屋顶花园的植物
设计是在有限的条件下尽量营造和地面上类似的
植物景观，这样要求对植物的特征及其生长习性
要非常地了解，尽量采用浅根植物。如果想营造
庭荫效果，可采用高大的芭蕉或在承重柱上种植
高大的乔木。较大的屋顶花园还可以设置不同的
区域，满足不同的功能景观效果（见图7-16）。

图7-16　屋顶花园考虑结构承重，合理布置景观要素

八、建筑庭院植物景观设计

庭院植物景观设计是高尚生活品质的一个表
征，现在很多楼盘都会在低层附加一个庭院，这个庭院面积一般在整个面积的1/5以下。庭院往往
有前庭和后庭，前庭主要展现主人品位，也是这个房屋建筑的个性化体现，而后庭主要是主人私生
活的一个延伸地，这个庭院要配合屋内的使用情况合理展开。由于面积很小，所要展开的内容不能
过于繁杂，因此植物选择上尽量体量小一些，数量也不宜太多。可选择一些耐看而细致的植物，或
者香型植物点缀，比如栀子花、山茶、杜鹃、绣球花等。前庭主要是景观的展示，观赏面既要考虑
朝外也要考虑从道路上往里看，朝外看主要是考虑站在窗户的角度，可在窗户边上种植四季桂等香
花小乔木，然后在其外种植花灌木，并将阳光引入室内。在道路上往内看，屋内的景观若隐若现，
庭院的植物恰到好处的装点着建筑环境，时时还有芳香从建筑物方向飘来。后庭院景观设计主要考
虑使用上的方便兼顾隐私作用，因此沿着围墙周围可以种植一些遮挡视线又比较薄的植物，同时兼
顾观赏效果，常用的植物有竹子、木槿，在靠外侧可种植一株小乔木为庭院提供树荫，最好选用落
叶树，保证冬暖夏凉。然后留出一块空地供家人一起共进晚餐，营造惬意的室外空间，如果面积允
许还可以点缀一些多年生草花（见图7-17～图7-26）。

图7-17　庭院的植物配置注重精
致，与小巧的园林小品相映成趣

图7-18　天井中种上一排金边虎尾兰，和建筑石材一直一曲也很相配

图7-19　采用攀援植物作为庭院围墙，简洁而朴实

图7-20　将庭院设计成花园，一年四季都可以观赏到不同的花

图7-21　春天，坐在院子中享受奇花异卉

图7-22　草坪是院子的主角，周围种上层次丰富的多年生草本花卉

图7-23 草坪让小庭院更加宽敞，周围种上枝叶茂盛的植物作为围合效果

图7-24 枝形优美、叶子茂密的植物营造幽静的庭院空间

图7-25 小庭院中的小水池周围种植丰富的水生植物，让整个空间充满了活力

图7-26 植物配合路径诱导庭院深处的入口

第二节 园林小品与植物景观设计

园林小品在园林景观中起着点睛的作用，园林小品从功能上分大致包括装饰性和实用性两个方面。装饰性园林小品包括雕塑、壁雕，实用性园林小品包括休息用的桌椅、垃圾桶、园灯、指示牌、遮阳伞等。

装饰性小品在园林景观中占重要的地位，常常配合植物景观起到点题的作用，因此这部分小品的主要观赏面不应被遮挡，周围点缀的植物只能起装饰和突出小品的作用。装饰性小品根据其造型特点、色彩所表达的主题来选择与之配置的植物类型（见图7-27～图7-32）。实用性的园林小品与园林主题没有多大的关系，但是缺了它们园林就会欠缺，它们一般在园林道路边成规律分布，这部分园林小品在不影响其功能使用的前提下植物配置可以比较随意。

园桌椅往往布置在树荫下或空旷场地，要求有遮阴的树冠、枝下高不得低于2m，椅子背后有1m以上的植物作为背景，这样不会有从后边经过的人打扰，休息的人会觉得安全。休息场所最好

图7-27 色彩丰富的京剧脸谱与绿色背景相映衬

图7-28 入口门厅一组雕塑掩映在碧绿的蜘蛛兰后

图7-29 奇特的花卉装饰在一扇"门"前，构造一幅大红灯笼高高挂的景象

图7-30 花钵中的丝兰装饰了花钵，又和其下的一组大象雕塑相映成趣

图7-31 碧绿轻柔的竹叶装饰灰与白的石质小品，色彩、形态与质感相应相称

图7-32 人头雕塑上种上吊兰，犹如丝丝头发，将植物融入造景立体构图中

图7-33 园椅背后的植物让休息的人感觉安全

图7-34 坐在园椅上享受浓荫

有植物的清香可以加强休息的舒适感，休息椅子的对面有可观赏的景物。可以布置一些花卉植物延长休息椅子的使用时间，反之，在人流量较大的街心花园这种规律也可以用于限制行人停留时间过长（见图7-33、图7-34）。而对于垃圾桶的植物配置，则是强调其露与显的状态，垃圾桶往往和休息椅子配套设计，因为人在停顿时产生的垃圾会增加，垃圾桶的位置既要明显又不能太显眼，为了解决这一矛盾，垃圾桶外观的改善也是其中一个方向，而通过植物的掩饰可以弱化其暴露度（见图7-35）。

图7-35 用鲜花美化垃圾桶既显眼又成了一道靓丽的风景线

园灯按照照射特征可以分为地射灯、草坪灯、园灯和高杆投射灯。地射灯除了在铺装地上的形式以外，还有专门用来投射景物的，比如某棵造景树，那么就要求处于草坪中的投射灯不能被地上的植物遮挡住，因此在周围一定范围内不能种植50cm以上的地被植物。草坪灯一般高60～100cm不等，刚好可以露出地被植物之上，草坪灯离视线范围远的一侧可以采用花灌木进行点缀，而靠近行人行走方向植物则不能高于草坪灯的高度。园灯的高度在2～4m不等，由于园灯从地面到灯的位置较大，如果其下空洞无物，景观显得单调，最好在其下种植花灌木或低矮稀疏的乔木，这样路灯投过斑驳的树影会更添一份别致。高杆投射灯与植物几乎没有太大的关系，只是有些高大乔木可能会与之产生冲突，遇到这种问题时一是在未种植以前注意高大乔木和灯柱之间的距离，二是梳理植物的枝叶不影响灯具的照射功能。

指示牌多数在园区的出入口或重要转折点处，是为了展示园林景点和路线的内容或给游人指引方向。指示牌由牌子和支撑柱组成，牌子上显示的内容是主要的功能，而支撑柱是辅助功能，显示内容必须清晰明了地展现在行人面前，而支撑柱是可以掩饰的，因此指示牌往往在其下可以采用花灌木进行装饰，而背后可以采用纯净色植物进行突出主题（见图7-36）。尤其在主出入口位置，指示牌的装饰作用非常重要，因为这也是展示景观的一个要点，常见的处理是在牌子下采用盆栽植物进行季节性更换，其柱子也使用藤本植物进行装饰。其他设施的植物配置类似（见图7-37）。

图7-36 指示牌周围的植物加强了指示牌的视觉冲击力

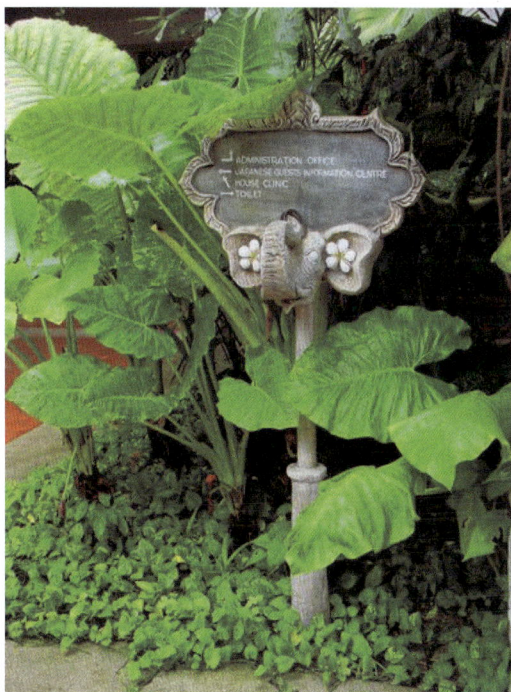

图7-37 别墅门前的指示牌造型优美，周围的植物或遮或显，将其装饰得恰到好处

第三节　人工水体与植物景观设计

　　水是园林中最具灵性的要素，水的姿态因地形的不同千变万化，"水，活物也，其形欲深静、欲柔华、欲肥腻、欲喷薄、欲激射、欲多泉、欲远流、欲瀑布插天、欲溅扑入池、欲渔钓怡怡、欲草木欣欣、欲挟烟而秀媚、欲照溪谷而光辉，此水活体也。"（见图7-38）城市景观中的人工水体模拟自然界的水体形态跌宕生姿，或以声夺人或以形取胜。随着城市的发展，自然要素越来越匮乏，水作为人类生存之本越来越受到关注，从城市开发的楼盘景观就可以看出，推出的水体景观日益丰富，从依借自然水体做文章到自然水体匮乏后人工水体的大量呈现，从小面积水体景观到整个楼盘环绕水体展开，从局部池塘水景到营造大型湿地景观……可见水景在人们心目中的重要位置，而水景中植物与水的搭配是使水景呈现真正自然界水体面貌的关键要素（见图7-39）。

图7-38　自然界中灵动的水体，水流透过水底呈现出深浅不一的白色，周围青翠欲滴的绿色和着这不同程度的白，自然的神圣与纯洁一展无余

图7-39　广州某楼盘采用苏铁、竹芋、龟背竹、棕榈及蒲葵从低到高营造层次丰富的亚热带风情水岸景观

　　淡蓝色的水体是一切植物造景的底色，配以绿色则清凉透底、配以艳丽的色彩则妖娆瑰丽。不管是什么水体，在植物绚烂多彩的映衬下都会愈显多姿（见图7-40）。自然界的水体景观是城市景观设计的模型，通过对大自然水体景观的观察与学习将水体归纳为：面状水体、带状水体、点状水体以及综合状态的生态湿地。人工水体就是依照这些水体面貌根据场地需要展开规划与设计：或面状如湖镜、或线状如飘带、或点状如明珠抑或什么都有但更加追求水体生态效益与景观的结合（见图7-41）。如同自然界的水体，人工面状水体也包括湖泊、池塘，带状水体包括河流、溪流、水涧、瀑布、叠水，点状水体包括水潭、喷泉。每种水体

图7-40　平静的湖泊、粉红的桃花、青翠的绿树、湛蓝的天空，这些主要色彩构织了一幅清秀而不单调、娇艳而不俗气的现代山水画

图7-41　旅游度假村中的湿地森林景观，停留在水上休息亭上或漫步在栈道间犹如童话般的不可思议，将自然造景要素与技术结合的湿地景观更具有吸引力

图7-42　岸上繁茂的墨绿倒影在宁静的湖面是何等的安详，水面偶尔轻微的荡动并未打碎整幅画面

模仿自然状态中的表现特征，配以相应的植物景观设计，最终达到场地赋予其目的的景观要求。

一、湖池与植物景观设计

　　人工水体中的湖泊和池塘的特征是水面平静、清澈，可以将沿岸的景观通过倒影的方式融入构图要素中，所谓"疏影横斜水清浅，暗香浮动月黄昏。"（见图7-42）湖池常用的植物包括水生植物和沿岸植物，通过生长在水中的水生植物和水岸的乔灌木塑造水体多层次立体的景观效果。湖的驳岸线常常是自由曲线，或石砌或堆土，沿岸常常种植耐湿的植物，大到乔木如水杉、池杉，小到草本植物如海芋、鸢尾、菖蒲、芦苇等，和湖泊远山近树的倒影相映成趣（图7-43～图7-45）。湖泊与池塘中运用得较多的是浮水、浮叶植物，这部分植物可以填补池塘的空白，尤其是大水面更需要这样的补充（见图7-46）。如果池塘不是太深还可种植荷花，满池的荷花和岸线的植物相连，葱郁的绿添满视线，盛夏繁开的荷花如娇羞的少女高低错落（见图7-47、图7-48）。

　　池塘多是由人工挖掘而成的，其岸线硬朗分明，池的形状有曲折多姿的自然驳岸，有规则整齐的几何图形，自然或规则取决于周围景观的特征。自然式植物池塘可以模拟自然界水体的植物群落

图7-43　池塘边上茂盛的多年生植物：龟背竹、海芋将水岸丰富了许多

图7-44　茂盛的芦叶让生硬的池塘岸线更加柔和，景观层次也更加丰富

图7-45 满池的荷叶为烈日酷暑增添了无穷的凉意

图7-46 池塘中的浮叶植物是空白水景必不可少的填充物，但设计前要考虑这些填充物的面积和形态

图7-47 睡莲浮出水面露出娇艳的笑脸，为沉静的夏日午后增添了一分生气

图7-49 温泉边上层次丰富的植物景观

图7-48 摇曳的荷花如亭亭玉立的少女

进行植物配置，从岸上到水中逐步采用沿岸湿生乔灌木、挺水植物、浮叶植物、浮水植物（见图7-49）。规则式池塘有完全成几何对称的非常规整的池塘，也有成自由几何曲线的池塘，尤其是在深圳，抽象园林概念产生以来，这种水池几乎到处开花。由于池塘岸线相对生硬，多数在水岸做文章，使水岸植物摇曳生姿和池塘水体相映成趣。池塘岸边的植物主要体现水的柔美，配合倒影共同构筑多层次景观（见图7-50、图7-51）。现在许多人工池塘岸边处理成几何曲线，植物序列也是在这种几何曲线的逐步延伸中逐渐展开的，在曲线突出位置紧靠岸线种植婆娑的乔木或大灌木并配以置石，而在曲线凹进部位将植物往内退，以此强化岸线的曲折。岸边植物的选择主要是多年生草本植物、花灌木，较远处种植大灌木或乔木，植物种植层次丰富，形成的倒影也更具有立体感（见图

7-52）。有些池塘中央还设立有小岛。小岛的植物配置尤为重要，可采用一株观赏树或一树丛作为视线观赏的重点，在周围种植丛生的花灌木或多年生草本，甚至可以让植物的枝叶垂入水池中（见图7-53）。池塘中植物的设计要注意的问题是：池塘岸边植物高低远近的配置就如画画一样要多角度考虑；浮叶或浮水植物的设计要注意面积的大小及和岸边植物的搭配，注意虚实结合；水中的枯叶应当及时清理保持水面整洁清爽；随着科学技术的发展，现在很多的水体景观可以达到自然界无法实现的效果，充分利用当今技术创造新视觉景观（见图7-54~图7-56）。

图7-50 温泉泡池中央以及周围的植物景观

图7-51 南宁南湖公园植物景观在凸出部位分层次种植，而在凹处弱化处理

图7-52 岸边层次丰富的植物色彩与倒影如梦如幻

图7-53 广州某楼盘中心小岛以几株椰树为植物景观重点，配以棕竹、竹芋及置石形成丰富的景观层次，其倒影在绿色池底的映衬下朦胧可见

图7-54 人工水体的几何池塘，通过工程的改造在池塘中种植水生植物

图7-55 池塘中的植物一定要控制好面积否则就会形成水面过窄、拥挤的效果，池中枯萎的水生植物应得到及时的清理否则生气勃勃的水生景观就会呈现衰败、没落

图7-56 人工湖泊与其背后茂盛的乔木林营造了一方宁静的空间

二、河流、溪流、水涧、瀑布、叠水与植物景观设计

自然界中的带状水体有很多类型，总体来说可分为河流、溪流、水涧、瀑布、叠水，带状的水体往往处于不同高差的地理环境，通过这样的地势差可以形成由高到低的流动，即所谓"水往低处流"。因此大部分带状水体是一种以动为主的水体，这种水体不仅充分展现了水的流动美，其流动击石产生的声音也是园林欣赏中的一种重要元素。人工水体中的带状水体景观也就是模拟自然界这种流动的姿态营造多种水姿，再配以或轻柔或凝重的植物景观。河流景观是最宽的带状水体景观，这种水体景观要么平缓或者有些微的踹流。河流穿越城市常常被喻为城市的蓝带（这个名字的命名是相对于城市的绿带），城市蓝带和绿带共同构筑了城市的生态换气通道。城市蓝带沿岸的植物景观带则加强城市换气通道的通道作用和置换空气作用。由于城市河道随着一年四季的变化有丰水期、常水期和枯水期，那么就涉及有三个相应的水位：丰水位、常水位和枯水位，这三个水位就是河岸景观设计的依据。常水位是河道一年来80%以上的时间里水位所处位置，这个位置是界定选用植物是水生还是旱生的依据，在此水位以下就采用水生植物，之上采用耐水湿植物。根据三个水位的不同可以设计成以常水位为主要游览平台的三个观水平台，使常年有景可观而又避免由于旱涝之灾引起的景观损失（见图7-57）。宽敞的观赏步道是常水位控制的最高位置，其下种植芦草这类的水生挺水植物，在平静而宽敞的静水内侧还可配置一些浮叶植物，在这里体会现代都市的乡野气息何尝不是一种很好的放松方式（见图7-58）。常水位阡陌般的栈道规则的布置在河道上，其间种植荷花或芦苇，漫步其间或高或低的穿梭于绿色之间或之上，不同的"水上游"带给你类似于划船或穿梭平原湿地的感觉。通过阶梯上升到丰水位，其上种植的是旱生植物，植物造景可更加随意（见图7-59）。溪流、水涧在自然界中常常出现于山谷幽涧中，因此常常与茂盛的森林植物景观浑然一体（见图7-60）。大自然鬼斧神工地将白色的溪流和两侧色彩斑斓的植被巧妙地绘制在一起，构成一幅美妙的中国山水画。根据地势急缓所形成的水流也或急或缓，根据溪流的急缓配置植物，溪流较急时很难留住水中的植物，但岸边或石头上的树枝或小蕨草在溪流所形成的风中自由摇曳，是溪流的最好舞者，将山野溪水景致展现得淋漓尽致。如图7-61所示，这是自然界中另一种溪涧景观，描

图7-57 河道沿岸宽敞的游览平台间种植芦草等挺水植物，营造乡野气息

图7-58 枯水位和常水位不同的植物景观图

图7-59 置身于荷叶森林中尽情呼吸大自然的空气

图7-60 五彩斑斓、姿态万千的森林灌木丛更衬托出白色溪涧的曲折多姿，树与水的鲜明对比让这幅画更加清晰

图7-61 这是一幅描绘江南乡村沟溪的画面，沟溪沿岸的竹子是地域表征，茂密的竹林和流淌的清泉是多少孩童夏日凉爽的好去处

图7-62 以唐菖蒲、水杉为主的溪边植物共筑溪水景观

绘了江南一带乡村小溪的景象。浅浅的溪水穿过石缝淌过石面，或成线状丝丝扣弦，或成面状铺石而下，抑或汇聚成潭悠然自得，竹林围绕着沟溪蜿蜒布置，或成丛成林或几株点植，伴着卵石顺势生长，竹和水勾勒的清凉瞬间绽放。在溪流的平缓地带，水流速度较缓，有少量的挺水植物或苔藓在水边、青石上出现，给人沁人心脾的清凉。图7-62是以唐菖蒲为主要挺水植物的溪边植物景观，

两岸的树林通过天然木桥自然相连，模拟了自然界的淳朴，桥头的迎春花围绕杆柱自由匍匐显现了这一刻的慵懒，溪水从桥下穿梭而过，一切都显得那么平静安详。图7-63则采用低矮的水葱为水边植物造景，水葱株形较小可以见缝插针的随意布置，选择形体不是太大的卵石与之搭配更能体现自然界中小溪的生存环境，偶尔在其间点缀些别样的植物，既可丰富层次也可点缀些色彩。图7-64，通过株型较丰满的美人蕉，营造水域空间和色彩，岸边适当点缀些水葱和灯芯草丰富空间色彩和层次，美人蕉鲜艳株形大比较好渲染气氛，适合放在环境开放的空间。图7-65和图7-66是人工瀑布的景观，水从瀑布顶端流出，通过一定高差流下形成瀑布，再汇集成水潭或小溪。水体周围的植物通过设计师精心安排，或枝叶茂盛沁入水体或半遮半掩保持距离，这种距离控制是由水边置石或近或远的摆放来实施的。而瀑布、叠水这种通过一定高差飞流直下的水体景观其动态是最激烈的，这种水体的景观配置依赖流水的宽度及营造的气氛，或雄伟或清爽。图7-67是水流比较宽的叠瀑景观，整体气势磅礴，其植物配置也应锦上添花。而图7-68是小巧的叠瀑配以姿态优美的棕竹倍感景致可爱。

图7-63　以菱角为主的溪边植物景观，穿插于卵石逢中，偶尔几株美人蕉的点缀既增添了色彩又丰富了层次

图7-64　以美人蕉为主，水葱、灯芯草为辅的溪边植物景观，色彩艳丽的美人蕉是这片水域的主色调

图7-65　通过叠瀑和小溪增添景观的灵气，两侧的石头缝中流露出的丝丝绿意让水体景观更加饱满

图7-66　瀑布、清潭与绿树，让人工的水体既满足了都市人的审美需求，也好管理，保持清洁、清爽

图7-67　某城市公园大型叠瀑与周边植物景观互成一体

图7-68　幽静的庭院一角，小叠瀑的丝丝垂流为小院增添了无限生机，沿岸的蒲葵、龟背竹让小叠水更加别致

三、水潭与植物景观设计

水潭是水体景观中最小的一种景观形式，自然界中的水潭多数是溪流的尽端或中央某凹陷处。其周边的植物茂盛有时候可能盖过水面，因此常有幽谷深潭只闻其声不见其形。由于面积小常常给人产生的印象是幽静安详不为人知，但水中释放出来的幽凉气息却是深到极致。现代都市生活中这种集聚冰凉气息的水景由于景致小巧常常设置在室内环境或小庭院里，枝叶茂盛的植物和它相映成趣（见图7-69～图7-70）。日本某宾馆庭院小潭边的植物配置层次丰富和紧凑，溪流边上的驳岸石头已被水生草本植物半遮半掩的装饰；其上是日本造园惯用的修剪手法的杜鹃剪型，自然而不凌乱、规则而不呆板；最上层是枝叶繁茂的乔木层，日本松姿态优雅的延伸出来似乎要最大限度地靠近水体感受水的气息，榉树、红枫等乔木前后搭配共同营造了溪流边上背景林荫的效果（见图7-71）。庭院中方型小潭幽深而神圣不可侵犯，周围的植物只能遥相观望，但如果没有周围的绿，孤零的小潭是否还能维持它圣洁的形象？受到水潭的启发，城市里现在还流行一种叫水琴的装饰品，通过压力泵将水抽上，然后水再自上而下的流出，水滴落下来的声音在封闭的空间里回荡从而发出悦耳的声音。这种水琴形态多样，有如荷花莲叶古典造型的，有现代简洁造型的，有各种坛

图7-69　小庭院中小水池周围以及中央缤纷的湿生植物（一）

图7-70　小庭院中小水池周围以及中央缤纷的湿生植物（二）

图7-71 日本某公园小溪旁茂盛的植物为潺潺的溪流保驾护航，整个环境幽静溢出

图7-72 切割的水体活泼而形式优美，岸边彩色的地被渲染了水体活跃的气氛

图7-73 矗立在水池周围的椰树伴着涌泉随风飘摇

罐状的，放置在一角配合各种植物，营造一方小景。在很多城市楼盘中，由于水的管理很烦琐，设计的水体景观一般在很小范围以内，但又不是前面介绍的那种置于角落的水体，面积稍微要大些。为了扩大水面的感觉，在有限的水面积中央设置小岛，让水流在周围穿梭，扩大水流在视线中的冲击。图7-72和图7-73是一个方形和圆形组合而成的水潭，通过两个带状的"小岛"将水体切割成水渠状，扩大了水面的视线感觉，一组涌泉活泼了环境气氛，彩色地被渲染了水体的欢娱，一排椰树展现了亚热带植物景观。

四、沼泽地与植物景观设计

自然界中湿地景观是最为丰富的一种水体景观，广义的湿地包括一切水域环境，例如前面所提到的水体环境，这里我们所要探讨的湿地是一种不规则形态的水体景观。由于不规则产生的水域生态环境也不一样，由环境而滋生的生物也多种多样，所以湿地是所有水体里生态环境最为稳定的一

种水体景观，它注重生物多样性的孕育由此而带来生态的高效益（见图7-74）。人工湿地的一角，图片中展现了丰富的植物组合，几乎所有的水生植物类型都用上了，沉水植物打底，浮叶植物穿梭其间，挺水植物沿岸种植，岸边还有姜叶等很多湿生植物种类（见图7-75、图7-76）。沼泽地比较混乱的景观，孕育了丰富的水生植物。

城市环境是人类文明聚集的地球村落，生态环境在建设过程中无意识地遭到了严重破坏，人们对大自然的渴望与日俱增。人们对于湿地所带来的生态效益认同的同时，对于视觉景观的要求也越来越高，因而城市人工湿地的景观营造是在选择自然界湿地景观的基础上进行美化，这种美化是建立在大多数人的认同前提下（见图7-77）。人工湿地经过人为调整整齐有序，各种挺水植物在有序的布置下逐渐展开，在其间设置的游步道使景观可赏性增强（见图7-78）。通过湿生花卉和挺水花卉可以将小范围的水域环境装点得精致可爱，配置时注意每种植物的生态环境避免湿生与水生的混淆（见图7-79）。许多湖泊周围浅水处都形成了沼泽地，这里云集了大量的水生生物，在人工湖泊中有意识地进行整理，可以形成有序的景观避免自然群落中的混乱（见图7-80）。在许多楼盘或度假花园（尤其是室外洗浴中心），将各种水体有机地结合起来，根据不同的水体所呈现的生态环境配置相应的水生植物（见图7-81）。

图7-74 菖蒲沼泽地一角

图7-75 芦苇沼泽地一角

图7-76 西双版纳热带植物园湿地植物景观一角

图7-77 湿地的任何一角都可以精心设计成植物丰富的群落，配以色彩鲜艳的花卉让幽静的水边一角气氛一下活跃

图7-78 将多种挺水植物与湿生植物有序布置既可体现植物景观的多样性，可欣赏性也增强

图7-80 湖泊浅水处沼泽地欣欣向荣的植物景观

图7-79 沿着水渠井然有序地种植湿生植物，营造强烈的色彩视觉冲击

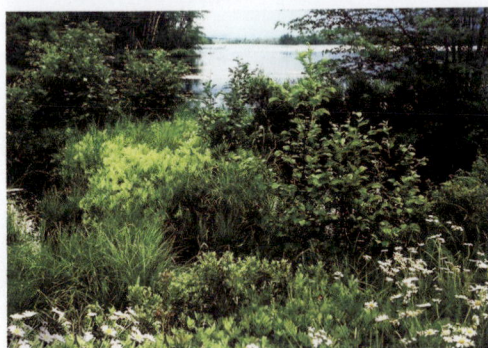

图7-81 室外温泉水体的湿地植物景观，纱草、菖蒲、旱伞草等挺水植物和茅廊、茅亭交相辉映，呈现出一派原生态的人文景观

第四节　园林建筑及构筑物与植物景观设计

一、园林建筑与植物景观设计

园林建筑是园林景观中最大的人工景观，不仅具有遮风避雨的使用功能，而且更多地在园林人文景观中起着点题、主景的作用。在中国传统园林中许多园林景点都是以园林建筑为题命名，杭州西湖牡丹亭、南雪亭、暗香疏影楼、听雨轩等。园林建筑的植物景观设计主要依据建筑的形式、色彩、体量以及表征的建筑性质为依据，传统的园林大致有皇家园林、私家园林和寺庙园林，每类园林依建筑特征不同所呈现的气质也不同，要求植物配置有所区别。皇家园林所表现的是一种至高无上的尊贵，其园林建筑雄伟，富丽堂皇，所对应的植物配置在主建筑前也多采用对称种植，其植物材料也是形体大方威严的种类，如松柏。这些植物形体高大，四季常青，形态坚挺有力，可以和皇家园林建筑的雄伟相匹配，植物配置多从整体角度考虑（见图7-82～图7-84）。而南方的私家园林则更多的体现出江南风情，其植物配置多注重细节，所到之处无不体现细微之处的雕琢（见图7-85）。常常是从一幅画的构图角度考虑，背景为白墙，几丛竹子、几块太湖石为主景（见图7-86～图7-88）。西南地区的园林建筑比较浑厚，由于气候条件的优越，植物长得比较茂盛，园林建筑淹没在茂密的植物中显得更加悠远（见图7-89）。寺庙园林显现的是一种禅意：

图7-82　颐和园的万寿山，阁楼矗立在绿树丛中，色彩的对比更加强了阁楼的威严

图7-83　颐和园的苏州街，通过松树等树种的渲染仍然弥漫着皇家园林的厚重

图7-84　北方的私家花园，通过植物的陪衬，显得十分端庄

严肃、神秘，园林植物多采用松柏类常绿植物，增加了场地的隐秘性（见图7-90）。现代园林建筑运用大量新材料、新形式，其造型简洁、大方。植物配置迎合这种建筑形态，多采用修剪型绿带构织建筑为前景，花卉灌木点缀在建筑周围，增加环境的色彩，其背后种植乔木作为背景，整个景观富有层次感和现代感（见图7-91）。

图7-85 清秀是江南园林的特色，远处的亭与树丛，中景的水榭与水，近处的树枝形成框架，一幅层次丰富的风景照

图7-86 有山有水、如诗如画的江南水乡画卷

图7-87 粉墙黛瓦前鸡爪槭的配置，增添了角落的生机

图7-88 再美的亭台楼阁也需要虚实相间的植物的衬托，亭子后面的落叶树将画面的景深增加

图7-89 昆明金殿公园翠绿的植物竖立在阁楼两侧，红绿色彩的差异使画面清晰透亮

图7-90 寺庙园林中苍劲的柏树增添了宗教文化的氛围，庄严肃穆

图7-91　配合现代园林建筑风格，园林植物造景简约得体

二、园路与植物景观设计

园路是园林造景的重要因素，是构成园林景观的骨架。园路的植物造景主要以道路为观赏面，从道路往里层次由低到高逐渐推进。园路一般以步行为主，因此其景观配置以人步行的速度来考虑，植物配置单元不宜过长，注重细节的雕琢。根据观赏需求不一，对园路两侧植物配置手法也不尽相同，由植物营造的道路景观有鲜花大道、林荫道、景观道等很多种说法。在道路的植物景观设计过程中常常会结合整个区域景观特色、景点需求来考虑植物的疏密、高矮搭配（见图7-92）。靠近入口处的主干道还要体现景观的气势，或是通过量的营造来体现，或是通过构图手法来突出。大量色彩明快的花卉或地被植物，成片的或以构图形式种植，体现入口的热烈气氛；通过对称的构图方式可以增强入口的气势，将焦点引向景区深处（见图7-93）。

景区的主游路是以步行为主的景观道路。景观形式多样，因景易路，因路易景。即道路是随着总体景观功能的变化而变化的，而具体的植物配置细节则是随着道路的变化而改变的。例如通常先确定景观区域（疏林草地区、密林区、开敞娱乐区等），景观区域定位后，相应的道路配置就比较

图7-92　道路一侧的景观从草坪、绿带、剪型植物球、灌木到乔木背景林，从道路边往内侧逐渐推进

图7-93　入口道路两侧植物景观逐步推进

125

清晰了。疏林草地区的道路自由流畅，其植物配置随着道路的延伸，植物层次逐渐递进：开敞的草地、花卉（或地被）、花灌木、背景林；如果是草坪加乔木林这种可进入式休闲林，道路的功能则弱化了。密林区的道路往往是峰回路转，道路形式变化莫测，其植物配置也是变化多样，在转弯处内侧往往采用枝叶茂密、观赏效果较好的植物遮挡视线，增加观赏情趣（见图7-94）。

景区的次游路及步道，由于步行速度特别慢，植物景观尤其注重造景细节，体现植物多样效果及色彩质感搭配，对植物的造型非常重视精雕细琢。对道路本身也采用嵌草、沿阶草或苔藓的形式增加观赏趣味（见图7-95）。

阶梯由于考虑水土流失等技术问题其两侧常常采用挡土墙，因此为了掩饰其生硬，往往配置枝叶茂盛的植物，增添景观层次的同时还可固土（见图7-96）。

园桥是园路的另一种形态，它连接水体两侧的道路，其本身也是一种非常别致的景观。桥头两侧厚重的基石，通过花灌木、草花对基础进行美化，采用乔木作为框景，富于画意（见图7-97）。

图7-94 公园大门主游路两侧常常采用对称的植物造景方式，将视线引至道路尽头

图7-95 公园里的游步道，两侧为茂密的植物

图7-96 阶梯一侧茂密的龟背竹向道路伸展，挡土墙在绿叶中若隐若现

图7-97 桥与植物共成一景观

现代园林中，道路往往采用几何曲线组合形式，其植物配置也是顺应时下的审美趣味，整体格调自由简单，多采用几何曲线造型以及剪型球点缀，着重突出植物整体的丰富色彩。现代先进的生物培育技术使植物景观设计的素材越来越丰富，使园林道路的景观极富吸引力（图7-98~图7-112）。

图7-98　桥头层次色彩丰富的植物配置让桥体景观丰富，桥身两侧的乔木将整幅画卷框在其中，构图合理

图7-99　现代园林道路注意立体绿化

图7-100　狭窄的路面采用竹子等修长的植物进行装饰，拉长绿色进深

图7-101　变化的道路两侧采用不同的植物类型营造丰富的道路断面效果

图7-102　通过茂盛的植物在道路转折处营造休闲场所的私密感

图7-103　道路一侧的挡土墙采用青苔和花卉点缀

图7-104　形成夹景效果的林荫道

图7-105　沿阶草将小径装扮清新自然

图7-106　小径掩映在茂密的植物丛中

图7-107　居住小区中的园路，茂密的植物充分展现浓浓的自然气息

图7-108　小径两侧茂盛的花园，从一年生草本到多年生草本逐步往外侧推进

图7-109　居住小区道路两侧茂密的草本植物让步行贴近自然

图7-110 水池与道路之间除了需要护栏以外，植物的介 图7-111 道路一侧几株芭蕉和南天竹与假山搭配得体
入使其过渡更加自然

图7-112 现代园林植物造景中，道路两侧密植地被或灌木，其上栽植茂密的
乔木层，形成茂盛的植物景观效果，实现生态效益的最大化

三、挡土墙与植物景观设计

挡土墙从工程的角度是起到挡土、防止泥土滑落等作用。根据边坡的高度和坡度等不同条件，分别采取不同的护坡工程。一般对边坡小于1.0∶1.5的土质或沙质坡面，可采取植物护坡工程。 在进行防护过程中关键是做好工程的护坡，在此前提下通过植物来美化生硬的墙面。根据挡土墙的大小，可以选择不同体量的植物进行配置。为了防止植物的根系破坏挡土墙，通常选择浅根性植物。

挡土墙的植物配置包括两种方式。一是挡土墙自身的绿化，就是坡度在1.0∶1.5的土质或沙质挡土墙上种植浅根性草本类植物（见图7-113）。另一种是在挡土墙周围进行植物装饰，这种方式不限制挡土墙的坡度，而且挡土墙是必须依靠工程防护的，在挡土墙的上下端可种植藤本植物进行立体绿化，或通过花卉、花灌木植物在其基础进行装饰，通过竹类、棕榈类植物在两侧处理成框景（见图7-114）。如果挡土墙过高则可以分段处理，每一段退台覆以种植土，并结合挡土墙的色彩、质感、形态等特征构图造景，种植浅根性花灌木、竹类、棕榈类及草本植物（见图7-115、图7-116）。

图7-113 浅根性花卉装饰较矮的挡土墙，让整个墙面顿时有了色彩

图7-114 采用上植下栽的方式将挡土墙框起来

图7-115 台阶兼有挡土墙的作用

图7-116 菩提树装饰着挡土墙，其根和墙融为一体，起到很好的装饰作用

第八章

植物景观设计的程序与方法

第一节　认识项目书

任何一个设计不单单是纯技术层面的问题，还包括业主的偏好、计划投资金额等，为了适应场地的这些特殊情况，在进行项目设计之前就必须全面认识这些综合性问题。为了有序而成功的达到规划目标，应形成一套包括访问、调查、评估场地的综合性系统，这一系统应使客户的最初需要成为至关重要的因素。客户在园林开发初期设想的时候，脑海中就已经有了明确的目标，例如，在第一次和他们接触时，他们就会提出对自己场地的景观要求，以及对某种景观风格的偏好。他们可能想要建造一座正式的花园，来为一座雕塑提供安置的环境，或为员工的休息放松提供便利的场所；他们也有可能想要一片绿荫，可以为室外活动开展提供一种可能；他们也许仅仅是需要为他们的建筑提供一处配景，让所有的人居于花园之中。不管出于何种原因，设计者都应该满足客户的这些要求，在和客户接触过程中去深刻理解项目。

第二节　调查阶段

在认识了项目书后，首先要对场地进行深入调查。这个阶段的目的是检查场地的资源，以满足客户的意图，包括调查该场地的地势、植物的生长情况、水文、气候、历史、土壤和野生生物。掌握基地的自然条件、周围环境状况以及基地的历史沿革情况；搜集诸如地形图、要保留的主要建筑物的平立面图、现状植物分布图、地下管线图等图纸。在上述工作的基础上进行现场踏查，一方面，核对、补充所收集的图纸资料，另一方面，设计者到现场可据周围环境条件进行艺术构思，现场踏查的同时，需拍摄一定的环境现状的影像资料，并踏查多次。

一、地形及其等级

地形情况对于植物材料在种植设计中的放置和定位有很重要的作用，如果所选地点对空间环境的效果有特殊的要求，就有必要对该成分进行充分的评析。应注意的特征包括斜坡的坡向和坡度。一个工程的地形分析按照坡度等级分为：0%～3%，3%～8%，8%～15%，15%～25%，以及25%以上。

坡度为0%～3%的等级是平缓的斜坡，在此范围内，在建设配套建筑设施和循环设备的过程中，由于土壤厚度，适合栽培各种类型的植物，所需修改较少。如果要求有强烈的视觉效果，则需要加入大型的植物或设置挡土墙。

二、地质与土壤

深入了解一个地区基础的地形构造和土壤种类，对制定该地区的种植计划起着十分重要的作用。为了收集评估该地区所需的数据，必须对地形和土壤进行研究，这些相关的知识将有助于在规划过程中选择合适的植物以及最合适该地区原有自然条件的管理模式。如，园地及其开凿条件随土壤种类和它到岩床的不同深度而变化。一般情况下，在黏性土壤上盖建筑物要比在不适合种植的土地及岩石上差，在黏土变潮的情况下，危险尤为突出。浅的岩床提供坚固的地基，但是开凿起来消耗较大。对地面坡度进行估测，确定土壤种类、构造以及岩石的种类，可以为得到地面的稳固性和开凿的潜力提供有价值的线索。土壤湿度、土壤的流动性及其对下水道污物和其他废物的吸收能力，可以根据土壤种类和在该地区内发现的地质沉积物的相关知识来判定。地表土壤的厚度是非常重要的因素。若地表土壤浅，靠近地表的岩床将限制植物的生长，与此同时，若土壤对较高的地下水位反应敏感，植物根部在生长期内的生长就会受到限制。坚硬的土壤会限制根茎的渗透作用，从而阻碍植物的生长。不同的植物适合不同的酸碱性，pH值过高会限制植物对营养物质的摄取，而pH值过低则会释放有毒物质，这些有毒物质会限制或抑制植物的生长，如矿藏丰富的地区有毒物质就会高。

干燥或半干燥地区一般都有高盐危害，这会限制植物的生长，除非有足够的水以供过滤。富含镁和铁的硅酸盐土壤被称为"蛇纹石土壤"，通常这类土壤都是贫瘠而且不宜生长的。不管土地如何，都必须对土壤进行广泛的分析，以确定今后植物生长所需的营养。为了达到更明确的判断，还要对岩床的厚度（土壤和未加固的沉积物的厚度）、岩床表面的海拔、黏土厚度、岩性（岩石的种类）、土质（土壤微粒的大小）、土壤中黏性含量、土壤的石化、土壤的干旱情况（表明灌溉的需求）、土壤或岩石的渗透能力、土壤的湿度、土壤对不同植物相应的生产率、土壤在具体改造中的局限性、吸收能力（对丢弃物的适应力）、控水能力、土壤的收缩潜力（黏土的扩张）、土壤对重度霜寒的敏感度、土壤的生产能力、开凿限制、地质方面的危险、斜坡的险峻程度和稳固程度、园林设计的敏感度、土壤和地质材料的腐蚀性、对地震的感受力、酸碱度等。

三、水文条件

对种植设计而言，水是成败的关键。在开始任何栽培结构的规划之前，确定以下几点显得十分重要。

①水源的确切位置、大小和容量；

②维持植物生长的水质；

③使用地区内水源潜在的花费；

④所有现存地表水源的位置，如湖、池塘和溪流（这些可以作为灌溉的水源）；

⑤水源的流动方向和所有流域的范围（园林规划不能阻止自然的流程）；

⑥天然水资源，如泉水、喷水井和溪流（限天然生长地区）。

在植物景观设计管理中，有必要对该地区内可以利用的水源进行调查，将其质与量制定一份详细的目录，因为地面水体的水位、位置和水质将直接影响对植物的选择。灌溉可以改善天然植物的生长，因而也可以增加某些植物种类的引进。同时，引入并利用的水源也可以从根本上改变现存植物的生长状况与性状表现。水文题图资料所需数据包括：排水地区分布图、潜在的洪水（包括频率和持续时间）、溪流的低速流动、溪流对沉积物的承受力、固体在地表水源中溶解的最大量、地表水的总量和质量、地表水体的深度、可做水库的潜在地区、地面水源的利用率、井和测试孔的位置、到地下水位的距离、地下水位的海拔、承压水位的海拔（水位有季节性变化，井水水位高度有升降）、渗透物质的厚度、地面水源的质量、可以再补充水的地区等。

四、气候条件

气候条件与植物的生长以及现存植被的数量有着直接而明显的关系，气候的变化可以限制或者扩大某个植物品种作为设计元素的作用。其中降雨量及持续时间和气温是关键因素。

短时期的气候变化趋势也是必须考虑的，一些与气候相关的并对自然生长植物造成危害的还有凶猛的洪水、受污染的空气以及任何干燥情况下导致的火灾。光和热量是影响植物生长的最重要的两个气候因素。光是光合作用的能量来源，热量则是植物新陈代谢过程中的能量提供者。光合作用直接关系到植物的生长，在浓密树冠下幼苗无法生长，这也许与光照不足有关，光照不足可能导致菌类的进攻，甚至连耐阴性植物也无法幸免。在恶劣的光照条件下，大型植物的根茎生长会受到极大的损害。在重要的生长阶段内光照不足容易导致该植物生长不良，在剧烈的暴风雪中就会受到损害。气候变化剧烈，也是造成植物组织受损的一个因素，在种植规划设计中，由冰雪、风暴及雷电产生的损害也是必须考虑的因素。

在进行植物设计时要考虑的气候条件有：月平均温度和降水量，每天、每月、每年的温度变化的最大范围，积雪的天数，无霜冻的天数，年度洪水循环周期及洪水水位，旋风飓风和其他强烈风暴雾的可能性，月平均湿度及风速、每月天空无云、多云的天数记录等。

五、现有植物资源

调查场地内现有植物资源，并分门别类地归纳整理，列出可以保留的植物以及可以采用其他植物替代的以及应去除的植物类型。在调查过程中应确定地区内每一株植物和植物群的位置、大小、状态及保留运用于设计的潜力，必须在基础地图上准确地标明其位置，及其到该地区内其他有记录的特殊物体的距离。植物的大小应该按照植物的宽度（通常采用冠幅S表示）、胸径（采用D表示）、株高（采用H表示）来定义。对于一棵树，还应记录测径器（距地面1m处树干的直径）测量的数据；对于灌木，根部宽度则是最重要的。冠的尺寸（树冠的宽度）是指围长，应在规划中将植物个体与植物群的围长描绘出来。

植物或植物群的状态是指它们可供连续使用的潜力。风暴、病虫害等会限制它们发挥其预设功能的能力。如果破坏非常明显，设计者必须决定是修复还是替换该材料。检查现有材料的自然系统和状态很重要，现存植物的种类、位置、大小和密度对相关材料的选择和该地区今后的运输能力有着巨大的影响，设计者应该对该工程地区内现存的植物作出仔细的分析，通过各个物种的大小和位置调查可以了解系统的特性。由于树木是多年生植物，在任何季节都容易辨认，因此它们是研究的首选对象。任何情况下，植物的表现性状都与它们在连续的数个阶段内对湿度、土壤、光照的需要密切相关，然而曾经发生过的干旱、火灾、虫害等也会影响植物的数量和大小。必须注意植物发育的各阶段和曾经发生的具体事件，仔细地对以下四个因素做现场分析。

1．先驱性物种

这些植物种类通常是第一批在凌乱的土地上生根的植物，它们在各种不同物种中往往更具有侵略性。通常如果比它们更强的植物所需的土地条件一般，那么它们可以在比这更差的土地上生长。如果不能立刻在大范围内恢复土地的原样，这些材料是初步栽培计划的绝佳选择。

2．过渡性物种

这些物种将跟随先驱物种生长，直到更具统治性的物种出现。

3．近盛期和全盛期的物种

这些物种代表在这一过程中的最高发展阶段。它们需要更富营养的土壤和更为稳定的气候。

4．邻近地区的物种

生长在该地区两端的植物种类可能暗示了新的植物圈的"建立方向"。在自然繁殖树木的范围内，风向和地表水体的运动会使种子分布到整个地区。然而如果使用这种自然技术，达到最终目标则需要很长一段时间。

六、土地使用历史

任何种植工程的成败，有相当部分是由该场地在此之前的使用情况所决定，所选择的用地以前是垃圾堆、化学废料堆、果园、苗圃、荒地、裸露岩土等，对决定随后的种植方式有很大影响。调查这类问题的首选资料，取决于该地区的历史及社会发展。对于衡量该地区现有的及今后的承载能力很重要。标明这些使用方位的图纸，可以作为规划考虑评估具体场地的一部分内容。

七、现存人造设施

现存设施的利用与否以及对场地植物栽种的影响，是现存设施调查的首先考虑的要素。其调查内容包括公用设施（尤其是地下段设施）、道路、房屋、娱乐设施及其他建筑的数量、尺寸、容量。在规划过程中，必须把这些要素绘制在一张图纸上以便设计时综合考虑。

八、现有资源审美价值

地段现有资源的审美价值包括地形、植物、空间层次、构图角度等。即地形的起伏多样化、植物的类型、空间的丰富、近中远景整个地块的景象。在规划过程中，应对这些审美要素进行综合评定。

1．具有较高审美价值的地段

这些地段是整个地区内具有魅力的部分，可以在许多角度观赏到美丽的构图。此地段中具有保存价值的历史景观，这些历史景观的保留与开发利用是构造具有魅力景致的良好方式与切入点。

2．具有中等审美价值的地段

在这些地方的大部分方位与位置上可以看到整个地段的景色及远景。可以充分利用合适的观赏角度，组织美丽的景致。

3．具有较低审美价值的地段

这些地方可以选出较优美的景致，但近处景致粗糙，需进行改造与设计。

4．粗陋的景致

这些地方几乎观赏不到优美的景致，需通过适当的障景对粗陋的景致进行修饰与遮挡。

在进行植物设计前，需将现有资源按照审美价值的等级进行归纳，整理在同一张图纸上，综合评定现状资源条件，然后进行取舍。

九、当地植物资源

对当地植物资源材料的收集整理，是场地种植设计的必要手段。因为当地植物是经过长期的自然选择后留下的适应能力较强的种质资源。当地植物资源需按照乔灌草的观赏方式归类整理，以便于以后的运用。并且还要将各类植物的生态习性进行分析总结，便于不同场地类型的种植选择（见表8–1）。

表8–1　　　　　　　　　　　当地植物资源汇总表示例

序号	名称	拉丁学名	形态特征	生态习性	园林用途	繁殖方式及栽培管理	备注
1	睡莲	*Nymphaea tetragona*	睡莲为多年生水生花卉。根状茎粗短。叶丛生，具细长叶柄，浮于水面，纸质或近革质，近圆形，基部近戟形，全缘，上面浓绿色有光泽，下面暗紫色。花单朵顶生，浮于或略高于水面，花色白或粉红，聚合果，内含多数小坚果。同属约40余种，常见作观赏栽培的还有：白花睡莲（N.alba）、兰花睡莲（N.caerulea）、黄花睡莲（N.mexicana）、香睡莲（N.odorata）、红花睡莲（N.rubra）等	喜阳光充足，通风良好，肥沃的砂质壤土，水质清洁及温暖的静水，适宜水深为25～30cm	睡莲是花、叶俱美的水生观赏植物，在公园、风景区及庭院的水景中，用各色睡莲与荷花、湿生鸢尾等配植，具有极高的观赏价值	一般用分株繁殖，在池塘栽培，早春应将池水放尽，将根茎附近的土疏松，施入基肥后再壅泥，然后灌水。从春至夏，随着新叶生长，逐渐加深池水，夏日保持水深50～80cm即可	

序号	名称	拉丁学名	形态特征	生态习性	园林用途	繁殖方式及栽培管理	备注
2	荇菜	*Nymp hoid es peltatum* (Gmel.) O. Kuntze	多年生浮水草本植物。茎细长而多分枝，具不定根，沉水中，地下茎横生。叶卵状圆形，基部心脏形，上面绿色，下面带有紫色，叶柄长。伞房花序束生于叶腋，多花，花梗不等长，花杏黄色，花冠漏斗状，花萼5深裂，花冠5深裂，裂片卵状披针形或广披针形，边缘锯齿毛，喉部有长睫毛，雄蕊5，着生于花冠裂片基部，子房基部具5个蜜腺，柱头2裂，片状。蒴果椭圆形，不开裂。种子多数，圆形，扁平。花期5～9月，果期9～10月	常生长在池塘边缘。属浅水性植物，根入土。冬季入土根在水下可越冬。盆栽要入室内越冬	荇菜叶片比睡莲小巧别致，鲜黄色花朵挺出水面，花多，花期长，是庭院点缀水景的佳品	可用播种和扦插繁殖。荇菜有自繁能力，扦插在天气暖和的季节进行，把茎分成段，每段2～4节，埋入泥土中	
3	红菱	*Spirodela polyrrhiza* (L.) schleid	多年生漂浮植物。叶状茎扁平，倒卵形或椭圆形，长6～9mm，直径3～6mm，先端圆，上面绿色，有光泽，下面紫红色，常3～4片相连，自中央下垂十余条纤维状须，中心有明显的维管束一条，束端有根帽。佛焰苞短小，唇形。花序由2个雄花及1个雌花组成，白色或淡绿色。花期夏季	适应于温暖湿润的气候。在气温23～33℃，全球广布	庭院点缀水景，具有雅致的气息	叶状体侧面发芽，可长出新的植株，也可种子繁殖	

第三节　构思与初步方案设计阶段

在这一阶段，要提出一套可以达到工程目标的初步设计思想，并根据这套思想来安排基本的规划要素。随着客户的进一步投入，设计师可以就栽培开发作出必要而具体的决定。明确植物材料在空间组织、造景、改善基地条件等方面应起的作用，确定植物功能分区，做出植物方案设计构思图（见图8-1、图8-2）。

对于种植的环境，其最终概念的形成在设计的最初阶段就开始体现了。在制定种植计划时，我们必须了解植物在设计中所发挥的功能。在为一个园林布局选择植物时，首先也应以其设计功能为

图8-1　植物种植设计方案—透视效果
资料来源：理查德·L·奥斯汀.《植物景观设计元素》。

图8-2　植物种植设计方案—平面图
资料来源：理查德·L·奥斯汀.《植物景观设计元素》。

基础，然后再考虑它的园艺特征。可以通过以下的步骤来确定所选植株或植物群的设计功能。

1. 制定设计的一般组成要素

以客户的设计要求为基础，计划建筑空间里所需的特别的水池以及行人具体的行走路线，由此确定初步的设计组成部分。确定需要"加框"的风景，以便于从各个有利方位观赏。是否需要选择植物群加以连接或放置特别的植物以吸引观赏者注意力。如果空间较大，可用植物群把它分割成较小的区域。

2. 塑造空间建造初步的景观空间

根据客户要求设置景观功能区，根据不同功能区的特征和使用要求选择不同的植物类型，例如室外林荫活动场所，需要选择能提供林荫，枝下空间开阔的植物类型；如果是观赏空间则以植物的观赏特性为主要参考依据。从而确定不同景观空间的植物类别，建造初步的景观空间。

3. 一些次要的修饰空间

选择植物或植物群创造出设计所要求的效果。利用不同的颜色、形状、质地、范围、顺序以及平衡关系来支持设计。

4　选择可以强调空间目标的设计元素

制定一个既能满足客户的需要，又能充分发挥设计者创造性的初步种植计划。

通过上面的步骤可以确定设计中某一特定地点需要放置什么样的植物，深绿的（植物的颜色）、圆的（植物的形状）、质地细腻的、树冠突出的等。

以工程目标为基础，确立规划环境的形状，必须考虑栽培材料的基本建筑形式（墙、顶棚、地板、天棚、栏杆、障碍物、矮墙和地面覆盖物）。为场地的功能要求提出方案，经与业主讨论，初步确定主要的植物类型。

根据种植规划设计的要素，如色彩、形式、结构等，来确定整个空间内的景观设计。这些景观（或受这些要素支持或受宏观环境控制）所形成的小环境，应该反映设计理念。根据上一步确定的功能要求，在细部空间提出三维的植物设计方案，并与业主确定。

根据规划要求来选择适用的栽培材料，如要求植物在景致上表达景框作用，要求植物作为雕塑的前景配置、作为主景的背景设置、作为场景的色彩调配、表达某一主题思想等。并融入各空间的特殊要求，列出各场地的种植方案。

第四节　选择植物阶段

植物的选择应以基地所在地区的乡土植物种类为主，同时也应考虑已被证明能适应本地生长条件、长势良好的外来或引进的植物种类。另外还要考虑植物材料的来源是否方便、规格和价格是否合适、养护管理是否容易等因素（见表8-2）。

表8-2　植物选择列表

立地类型号			I	II	III
立地类型名称			阴坡、半阴坡中厚层红壤立地类型	阳坡、半阳坡中厚层红壤立地类型	边坡薄层红壤立地类型
立地特征	地形地势	海拔	1780～2200m	1700～2200m	1700～2200m
		坡向	阴、半阴	阳、半阴	阳
		坡位	各坡位	各坡位	各坡位
		坡度级	II－III	II－III	III－V
	小区气候		温暖	温暖	温暖
	地形地势	土壤名称	红壤	红壤	红壤
		成土母岩	砂岩、页岩	砂岩、页岩	砂岩、页岩
		土壤质地	壤土、沙壤土	壤土、沙壤土	壤土、沙壤土
		土层厚度	中－厚	中－厚	薄－中
		土壤湿度	较干旱	较干旱	干旱
		石砾含量	20%	10%～20%	10%～20%
	植被条件	有林地	云南松林、旱冬瓜、松栎混交林	云南松林、旱冬瓜、松栎混交林	云南松林、旱冬瓜、松栎混交林
		灌木	杜鹃、乌饭、火把果、矮杨梅、珍珠花、小铁仔、胡枝子、川梨等	川梨、胡枝子、乌饭、火把果、小铁仔、珍珠花、杜鹃等	川梨、胡枝子、乌饭、火把果、小铁仔、珍珠花、杜鹃等
		草本	旱茅、野古草、黄背草、金茅、蒿、火绒草、蕨类等	野古草、旱茅、火绒草、细柄草、蒿、蕨类等	野古草、旱茅、火绒草、细柄草、蒿、蕨类等
适生植物			旱冬瓜、云南松、女贞、枫香、川梨等	旱冬瓜、云南松、冬樱花、枫香、川梨等	车桑子、火棘、多花蔷薇、地石榴、崖豆藤、戟叶酸模、常春藤

第五节　详细设计阶段

在此阶段中应该用植物材料使设计方案中的构思具体化，这包括详细的种植配置平面、植物的种类和数量、种植间距等。详细设计中确定植物应从植物的形状、色彩、质感、季相变化、生长速度、生长习性、配置效果等方面来考虑，以满足设计方案中的各种要求。（见图8-3，表8-3）

图8-3　植物种植详细设计平面
资料来源：理查德·L·奥斯汀.《植物景观设计元素》。

表8-3　　　　　　　　　　　　植物种植设计详细列表

序号	图例	植物名称	拉丁学名	规格	备注
1		紫薇	Lagerstroemia indica	h=2-3m, d=0.15m, s=1.5m	
2		枫香	Liquidambar farmosana Hance	h=2.5m, d=0.08-0.10m, s=1.5m	
3		垂柳	Salix babyionica	h=2.5m, d=0.08-0.10m, s=1.5m	
4		冬樱花	Prunus majestica	h=2-3m, d=0.15m, s=1.5m	
5		三角枫	Acer buergerianun	h=2-3m, d=0.15m, s=1.5m	
6		山玉兰	Magnolia delavayi Franch	h=2-3m, d=0.15m, s=1.5m	
7		香樟	Cinamonum camphora	h=2-3m, d=0.15m, s=1.5m	
8		桂花	Osmanthus fragrans	h=2-3m, d=0.15m, s=2.5m	
9		缅桂	Michelia alba	h=2-3m, d=0.15m, s=2.5m	
10		小叶榕	Ficus microcarpa	h=3m, d=0.15m, s=2.5-3m	

第六节　施工图设计阶段

在种植设计完成后就要着手准备绘制种植设计图。种植设计图是种植施工的依据，其中应包括植物的平面位置或范围、详尽的尺寸、植物的种类和数量、苗木的规格、详细的种植方法、种植坛或植台的详图、管理和栽后保质期限等图纸与文字内容（见图8-4、图8-5）。

种植设计的技术决定了设计素材使用的成功与否，如果设计的位置不恰当，植物将不能充分展现其潜力，应遵循以下的一般规则以达到植物生长的最佳条件。

1. 种植地点

选择的种植地点应有足够的空间让植株达到其成熟期，种植过密会造成植株之间对光照、土壤养分和生长空间的过度竞争。

2. 注意选择栽种时间

有些落叶树木适宜在停止生长的期间栽种。绝大多数常绿树可以在任何季节栽种，但要细心地维护，尽可能少的损伤其根部。

3. 地区的要求

种植坑的大小根据植株而定，必要时可做一些土壤的改造，如果土太厚或沙太多，增添一些淤泥或腐殖土之类的有机物会有所帮助。

4. 种植安排紧凑

应尽快把从苗圃买来的植物种上，耽搁时间太长会增加植物移植所经受的"冲击"。

5. 树木的固定

直径大于5cm的树木应用绳索加以支撑，让树木朝着正确的方向生长。

图8-4　植物种植设计平面（一）
资料来源：理查德·L·奥斯汀．《植物景观设计元素》。

图8-5　植物种植设计平面（二）
资料来源：理查德·L·奥斯汀．《植物景观设计元素》。

第九章

植物景观设计表达方式

园林植物是现代园林景观中重要的构成元素，它具有明显的时空节奏，独立的景观表象，丰富的季相变化以及突出的园林意境，因此，它是园林景观中其他构景元素不可缺少的衬托。园林植物的分类方法较多，在园林景观的营造中，根据各自的特征，将其分为乔木（包括竹类和棕榈）、灌木、花草、藤本和水生植物五大类。在园林设计图中，根据植物的不同特征，抽象其本质，用不同的植物图例来表示不同的园林植物。

第一节　各类型植物平面图

园林植物的平面图是指园林植物的水平投影图，一般都采用图例概括地表示，其方法为：用圆圈表示树冠的形状和大小，用黑点表示树干的位置及树干粗细。由于树木种类繁多，大小各异，仅用一种圆圈来表示是远远不够的，它不能清楚地表现出设计意图。为此我们应根据树种的类型、性状及姿态特征，用不同的树冠曲线加以区别，并由此强调直观效果。

一、乔木平面图表示方法

乔木可以分为常绿、落叶两大类，而常绿乔木又分为针叶常绿乔木、阔叶常绿乔木两大类；落叶乔木分为针叶常绿乔木、阔叶落叶乔木两大类。在平面表示符号中，针叶树常以带有针刺状波纹的树冠来表示，若为常绿的针叶树，则在树冠线内加画平行的斜线。阔叶树的树冠线一般为圆弧线或波浪线，且常绿的阔叶树多表现为浓密的叶子，或在树冠内加画平行斜线，落叶的阔叶树多用枯枝表现。同时需要引起注意的是，在园林设计图中，表示树木的圆圈的大小应与设计图的比例吻合，即图上表示树木的圆圈直径应等于实际树木的冠径。树木平面画法并无严格的规范，实际工作中可根据实际的构图需要创造不同的画法（见图9-1、图9-2）。

常绿阔叶乔木

常绿针叶乔木

图9-1　常绿乔木平面图表示方法

落叶阔叶乔木

落叶针叶乔木

图9-2　落叶乔木平面图表示方法

当表示几株相连的相同的树木的平面时，应互相避让，使图面形成整体（见图9-3）。当表示成群树木的平面时可连成一片（见图9-4）。当表示成林树木的平面时只可勾勒林缘线。相同相连树木的平面画法与大片树木的平面表示方法如图9-5所示。同时根据不同的表现手法可以将树木的平面分为四种类型。

①轮廓型：树木平面只需要用线条勾勒出轮廓，线条可粗可细，轮廓可光滑，也可带有缺口或尖突。

②分枝型：在树木平面中只用线条的组合表示树枝或枝干的分权（见图9-6）。

③枝叶型：在树木平面图中既表示分枝、又表示冠叶，树冠可用轮廓表示，也可用质感表示。这种类型可以看作是其他几种类型的组合（见图9-7）。

④质感型：在树木平面中只用线条的组合或排列表示树冠的质感。

图9-3 几株相连的乔木平面图表示方法

落叶阔叶乔木疏林　落叶针叶乔木疏林　落叶阔叶乔木密林
落叶针叶乔木密林　常绿阔叶乔木疏林　常绿针叶乔木疏林
常绿阔叶乔木密林　常绿针叶乔木密林

图9-4 成群的乔木平面图表示方法

图9-5 大片树木的乔木平面图表示方法

图9-6 乔木分枝型平面图表示方法

图9-7 乔木枝叶型平面图表示方法

二、灌木平面图表示方法

灌木是一类特殊的树木，它没有主干，分为常绿灌木和落叶灌木两大类。常绿灌木又分为针叶常绿灌木、阔叶常绿灌木两大类（见图9-8）；落叶灌木分为针叶落叶灌木、阔叶落叶灌木两大类（见图9-9）。单株灌木的平面画法与乔木相同，灌木在园林中多以群体的形式出现。由于群体灌木的枝叶互相穿插和渗透，已无法用单株灌木的表现形式来区分各自的轮廓，故需要另外的图例来表示。自然式栽植灌木丛的平面形状多不规则，修剪的灌木和绿篱的平面形状多为规则的或不规则但平滑的。通常修剪的规模灌木可用轮廓、分枝或枝叶型表示，不规则形状的灌木平面宜用轮廓型和质感型表示，表示时以栽植范围为准（见图9-10～图9-13）。

常绿阔叶灌木

常绿针叶灌木

图9-8　常绿灌木的平面图表示方法

落叶阔叶灌木

落叶针叶灌木

图9-9　落叶灌木的平面图表示方法

落叶阔叶规则式绿篱

落叶针叶规则式绿篱

常绿阔叶规则式绿篱

常绿针叶规则式绿篱

图9-11　规则式绿篱的平面图表示方式

骨感型

分枝型

图9-10　灌木绿篱的质感和分枝型平面图表示方法

图9-12　自然式绿篱的平面图表示方式

落叶阔叶灌木疏林　　落叶针叶灌木疏林　　落叶阔叶花灌木疏林

常绿阔叶灌木疏林　　常绿针叶灌木疏林　　常绿阔叶花灌木疏林

落叶阔叶灌木密林　　落叶针叶灌木密林　　落叶阔叶花灌木密林

常绿阔叶灌木密林　　常绿针叶灌木密林　　常绿阔叶花灌木密林

竹类

图9-13　各种自然式绿篱的平面图表示方式

三、草本平面图表示方法

园林景观中的花草多以群体形式出现，其表示方法也多种多样。在平面图中，宜采用轮廓勾勒和质感表现的形式。应以地被栽植的范围线为依据，用不规则的细线勾勒出地被的范围轮廓。而画草坪时，一般采用打点法、小短线法以及线段排列法。用打点法画草坪时，点应该有疏有密，凡在草地边缘、树冠线边缘、建筑边缘的点一般画得密些，然后逐渐越画越稀，这种画法既快又有整体性，疏密相间，生动自然。用小短线法画草坪则是将小短线排列成行，每行之间的间距相近排列整齐。而线段排列法要求线段排列整齐，行间有断断续续的重叠，也可稍许留些空白或行间空白。另外，也可以用斜线排列表示草坪，排列方式可规则，也可随意（见图9-14、图9-15）。

打点法

小短线法

线段排列法（一）

线段排列法（二）

线段排列法（三）

线段排列法（四）

图9-14 草坪平面图表示方法

图9-15 地形中的草坪平面图表示方法

四、藤本植物平面图表示方法

藤本植物是园林中优美的垂直绿化材料。它们借助其吸盘、卷须攀登高处，或借助蔓茎向上缠绕和垂挂覆地，从而构成丰富的立面景观。因此，在园林设计图中，也需要将其表达出来（见图9-16）。

图9-16 藤本平面图表示方法

五、水生植物平面图表示方法

水生植物是水体景观中重要的绿化要素，在设计中，它也是以群体的形式出现，其画法与灌木丛的表示方法类似（见图9-17）。

图9-17 水生植物平面图表示方法

第二节　各类型植物立面图

　　自然界中的树木千姿百态，各具特色。各种树木的枝、干、冠构成以及分枝习性决定了各自的形态和特征。在画树时，应先观察各种树木的形态、特征及各部分的关系，了解树木的外轮廓形状，整株树木的高宽比和干冠比，树冠的形状、疏密和质感等。在画树的立面图时，应该省略细部，高度概括，画出树姿，夸大叶形。同样根据植物形态特征将其分为乔木、灌木、草本、藤本、水生植物类型分别论述立面图表示方法。

一、乔木立面图表示方法

　　树木的外形主要取决于树冠的轮廓，我们大体可以把树冠轮廓概括为几种几何形体，如球形、椭圆形、圆锥形、圆柱形、匍匐形、伞形、垂枝形、塔形等。树木的立面表示方法也可分成轮廓、分枝、枝叶和质感等几大类型。树木的立面表现形式有写实的，也有图案化的或稍加变形的，其风格应与树木平面和整个图面相一致（见图9-18～图9-22）。

| 圆柱形 | 圆锥形 | 卵形 | 广卵形 | 卵圆形 |

| 倒卵形 | 半圆形 | 圆球形 | 风致形 | 扁球形 |

| 尖塔形 | 伞形 | 笔形 | 棕榈形 |

图9-18　乔木立面基本形状

图9-19　乔木其他立面形状

图9-20　乔木立面图案化画法（一）

图9-21 乔木立面图案化画法（二）

图9-22 乔木枝干立面图画法

二、灌木立面图表示方法

灌木的立面图表示方法与乔木立面图表示方法一致，具体形式参照图例（见图9-23、图9-24）。

图9-23 灌木绿篱立面图画法

扁形	半圆形	半球形	球形
倒卵形	卵形	拱枝形	丛生形
横卧形	风致形	龙枝形	匍匐形

图9-24 灌木立面形状

三、花草、藤本、水生植物立面图表示方法

花草的立面画法以形象为主，讲究直观效果。而草坪的立面图则用小线点来表示。藤本植物和水生植物的立面图在园林设计中应用较少，表示时则根据植物的形态表达出直观效果即可。

第三节 各类型植物效果图

树木的透视画法最为复杂，在画树时，要研究和掌握它的形态和姿态，不必一枝一叶地刻画。要把树木看成整体，注重它的体积感，不仅要表现其正面，还要表现它的顶面和侧面的枝叶，渐渐把它转过去。同时还要画出透过树叶的空隙以及透露的背面枝叶。凡是树木四周长有大枝、小枝与叶子，它的叶子常常自然地组成一团。就是画叶子稀少的树，仍要体现出叶子团团如球形的感觉，才能获得良好的透视效果。

自然界的树干是向四周生长的，不仅有左右弯曲，并且有前后仰俯透视的变化。如果不把枝干的前后穿插表现出来，画出的树往往像剪纸那样，没有前后上下的立体感。树木的树干组成有多种

类型，有些树干的主干明显，而有些树木没有明显的主干；有的树枝呈放射状排列，还有的树枝是自上而下，逐渐分枝。画树时应仔细观察不同树种之间枝干结构的区别，同时，也要注意枝干结构的空间感。因为树是立体的，只有将树枝前后和内外的空间层次画出来，树才有立体感。树叶的表现也是树木透视画法的要点之一，要想表达出树木的体积感，就需要借鉴投影画法。一棵枝叶繁盛的树在阳光的照耀下，树冠显示出明暗差别，迎光的一面很亮，背光的一面很暗，至于里层的枝叶，完全处于阴影之中，所以最暗。通常上部明，下部暗，左右迎光面亮，背光面暗，里层枝叶最暗。按照这样的明暗关系来画树，就可以分出层次，表现出一定的体积感。画树木透视图的一般步骤为。

①确定树木的高宽比，画出四边形外框，若外出写生，可以伸直手臂，用笔目测出大约的高宽比和干冠比。

②略去所有细节，只将整株树木作为一个简洁的平面图形，抓住主要特征修改轮廓，明确树木的枝干结构。

③分析树木的受光情况。

④最后，选用合适的线条去体现树冠的质感和体积感，主干的质感和明暗，并用不同的笔法去表现远、近、中景的树木。

树木的表现有写实的、图案式的和抽象变形的三种类型。写实的表现形式较尊重树木的自然形态和枝干结构，冠叶的质感刻画得也比较细致，显得较逼真，即使只用小枝表示树木也应力求其自然错落。图案式的表现形式较注重树木的某些特征，如树形、分枝等，并加以概括以突出图案的效果，因此，有时并不需要参照自然树木的形态而可以很大程度地发挥，而且每种画法的线条组织常常很程式化。抽象变形的表现形式加进了大量抽象、扭曲、变形的手法，使画面别具一格。根据乔、灌、草、藤等不同植物类型形状的不同，其效果图表示方法分别如下所示。

一、乔木效果图表示方法

画乔木时，应先画枝干，枝干实际构成了整株乔木的框架。画枝干应注意枝和干分枝习性。枝的分枝应讲究粗枝的安排、细枝的疏密以及整体的均衡。主干应讲究主次干和粗枝的布局安排，力求重心稳定、开合曲直得当，添加到小枝后可使树木的形态栩栩如生。

树木的分枝和叶的多少决定了树冠的形状和质感。当小枝稀疏、叶较小时，树冠整体感差；当小枝密集、叶繁茂时，树冠的团块体积感强，小枝通常不易见到。树冠的质感可用短线排列、叶形组合或乱线组合法表现，而树冠也可分为球形、椭圆形、圆锥形、圆柱形、匍匐形、伞形、垂枝形、塔形等几何形体。其中，用短线法或线段排列来表现像松柏类的针叶树，叶形和乱线组合法以及自然曲线来表现阔叶树。在效果图中，树木也有近、中、远景之分，因此，短线法也可表现近景树木的叶形相对规整的树木，叶形和乱线组合法也可表现近景中叶形不规则的树木（见图9-25）。

树木的层次感可以用明暗关系来表达，在同一幅图中，也应该用明、暗、灰三种光影关系来表达不同层次的远、中、近景。在表达时，不同树木在叶形上也应该有所区别（见图9-26～图9-32）。同时还应注意的是树木的平面、立面、效果图应该相互联系，在尺度上也应该相互呼应，以达到和谐统一（见图9-33）。

落叶阔叶乔木　　　落叶针叶乔木　　　常绿阔叶乔木　　　雪松

常绿针叶乔木　　　细叶型乔木　　　枫香　　　棕榈

椰子　　　酒瓶椰子　　　苏铁

图9-25　乔木效果图表示方法

图9-26　近处暗，远处清淡　　　图9-27　近处亮，远处暗　　　图9-28　利用高光表示层次

图9-29　几种不同的明暗调子的变化

图9-30　近树明处亮、暗处深，远树灰而平淡

图9-31　前树的笔触重，后树的笔触轻。后树的叶丛在接近前树的叶丛处笔触"虚"

树木平面

树木立面

图9-32　近树的笔触要有叶的形态，渐远笔触渐细，远树不宜强调叶的笔触，有一个大面或大的体量即可，笔触要有成丛成片的感觉

树木效果

图9-33　乔木平面图、立面图及效果图的表示方法

二、灌木效果图表示方法

在画灌木的效果图时，应先从形态形象着手，画法与乔木类似，常用线描法画出轮廓后在轮廓线内用点、圈、三角、曲线表示花叶，通过明暗关系将立体感反映出来（见图9-34）。

图9-34　灌木效果图表示方法

三、藤本植物效果图表示方法

藤本属于攀爬植物，作为墙、廊、架的绿化，具有遮光美化的效果，可用自由活泼的线条来表现（见图9-35）。

图9-35　藤本植物效果图表示方法

四、花草的效果图表示方法

花草是景观中的点睛之笔，表现时常用勾勒轮廓和质感表现的形式来描绘，应以其栽植的范围为依据用不规则的细线勾勒出其轮廓；而草坪则用小短线、小曲线，按照近大远小的透视原理，近实远虚的空间变化，用疏密的线条进行排列，行间既可断断续续的重叠，也可留些空白、渐变，还可采用乱线画法。

五、水生植物效果图表示方法

水生植物作为水体景观的一部分，在表达时也应该从不同水生植物的形态形象着手进行刻画，表现出立体透视效果即可。

第十章

植物景观设计实例

第一节　房地产楼盘植物景观设计

房地产楼盘的卖点从最初强调建筑面积到强调环境景观到现在强调生活方式，一步步追随着人们的生活态度而逐步改变着，人们常说选择什么样的居住环境就选择了什么样的生活方式。如今的房地产景观是视觉美观化与使用舒适化的综合，好品质的楼盘不仅仅从外在的景观上打造其视觉冲击，更要从生态及现代都市人追求回归原点的生活理念上着手。

案例一　昆明青青小镇植物景观设计

昆明绿佳苑小区（现名青青小镇），总占地面积约为12万m²，其中绿化面积约为4.7万m²，绿地率约达40%，绿化覆盖率为50%。追随城市人生活的亮点，其定位为营造森林城，品味诗情画意的居住哲学。

绿佳苑小区植物景观设计从不同使用性质及地块特征来分包括四个层次：主景部分、组团绿地、围墙绿地、沿街绿地，根据不同层次、不同观赏需求和使用功能分别设计。

1. 主景部分

这一部分由于集中了整个小区景观的特质，且面积较大，是小区景观设计的核心要素。其主要功能不仅提供居民的观赏需要，更多的要为居民提供休闲服务，因此该地块集中了小区内大部分的景观精华，设计时综合园林各要素进行充分发挥。小区主景部分包括入口景观区、景观轴、中心绿地三部分。

（1）入口景观区

入口广场设计为自然林荫地，体现"城市森林"这一主题。通过流畅的道路曲线将入口三角绿地划分成几个组团，采用乔、灌、地被三个层次构筑丰富的"森林"空间。为保证山石盆景的观赏效果，采用地形塑造合适的观赏角度，配合造型奇特优美的古树与山石相互映衬，再以色彩明丽的草花植于其前，突出近景的层次感；邻街面采用缓坡将视线引入山石盆景，缓坡的背面刚好将道路隐没，加长了观赏的景深。整个入口采用覆盖式乔木植物景观，其下采用花灌木丰富植物竖向层次，葱葱郁郁的入口森林景观将其后的建筑物遮掩，突出了"森林城"的主题（见图10-1、图10-2）。

图10-1　入口景观地被层，从景观深处向道路一侧缓缓下行，形成流水般的地被层次

图10-2　入口景观乔灌木层，采用枝叶茂盛的乔灌木营造入口"森林"效果

植物材料包括乔木层、灌木层、地被层。乔木层：金桂、银桂、四季桂、香樟、滇朴、黄连木；灌木层：海棠、樱花、海桐、含笑、杜鹃、金丝桃等；地被层：鹅掌柴、金叶女贞、红槛木、西洋杜鹃等。

（2）景观轴

结合周边绿地将景观轴设计为宽20～25m的梯形轴。该轴由从会所广场引出的一曲线分割成东西两个林荫道，东边为间距为4m的规则林荫带，以便应急车道所需，西边为自由林荫带，是完全的步行空间。

整个景观轴的植物材料以小叶榕为基调树种成矩阵规则分布，为了保证四季变化的观赏性，局部间植昆明地方落叶树种滇朴。中央分割带为整形的金叶女贞、西洋杜鹃、柏类植物（见图10-3）。

图10-3　矩阵小叶榕景观轴，色带像流水般穿插其间

（3）中心绿地

西边主景在地形较高点设抽水泵，并通过休息亭装饰，在这里形成水源，水流至最近处（设立蓄水池），然后往两边低处流，汇集到末端的蓄水池，通过出水口将水引至水源地，形成水循环。东边主景以叠水流瀑顶端蓄水池为水源流至其下水塘，通过地形将水引至尽端水塘，再将水引回叠水流瀑。

西边主景广场设计了盆景、林荫广场、戏水乐园三个空间，通过不同的铺装材料、植物材料营造。会所前广场由于空间较窄，只通过不同的铺装材料表示；东边主景广场，以大树桩、叠水、水池形成观水、玩水、林荫休憩的场所。

结合地形植物材料形成大疏大密的景观效果，乔木层以金桂、银桂、四季桂、香樟、滇朴、黄连木、红枫、竹形成绿色空间格局，构筑常绿与落叶交融的植物景观。灌木层以海棠、不同季节樱花、紫荆、桃、杜鹃、茶花等开花植物以及紫叶李等色叶植物，杜英、海桐、含笑等常绿灌木构筑绿色二级空间。地被层以鹅掌柴、金叶女贞、红槛木、西洋杜鹃、鸢尾、葱兰、扁竹兰、蕨类、水菖蒲、灯芯草、水芹菜、草坪等构筑绿地空间底色（见图10-4、图10-5）。

溪流景观

密林景观

湖畔景观

疏林草地

图10-4　主景西侧以水为线索，展开植物景观序列

湿地景观

跌水瀑布景观

山体景观

溪流景观

图10-5　主景东侧以水为线索，通过地形变化形成丰富的植物群落景观

2. 组团绿地

组团绿地主要是满足房屋基础的生态绿化、相对集中地的休闲娱乐以及体育运动。因此应根据场地的大小和周边设施的要求进行合理设计，保证屋基得到保护的同时还得到美化，提供必要的观赏层次和运动空间。

（1）基础绿化

沿墙绿带采用鹅掌柴、金叶女贞、红槟木、西洋杜鹃、金丝桃、月季、南天竹等地被层软化建筑硬轮廓。

（2）开阔空间组团绿化

空间较大的组团绿地采用乔、灌、草组合：乔木层骨干树种为金桂、银桂、四季桂，搭配以缅桂、香樟、滇朴、黄连木、红枫、竹等丰富外层空间；灌木层以海棠、不同季节樱花、紫荆、桃、杜鹃、茶花等开花植物以及紫叶李等色叶植物，杜英、海桐、含笑等常绿灌木构筑绿色二级空间；地被层以鹅掌柴、金叶女贞、红槟木、西洋杜鹃、六月雪、草坪等构筑绿地空间底色。注意建筑物的采光：临窗面3m以内不种植叶浓枝密的乔木，采用枝叶稀疏的落叶树或低矮的灌木（见图10-6）。

图10-6　独立式组团绿地，组合各种景观要素形成精致的小环境

（3）林荫小广场

三个林荫小广场，赋予其不同的使用功能，分别定位为休息、娱乐、运动，配以相应的设施小品。林荫广场主要采用枝下高较高的乔木便于开展运动，以及基于景观考虑选用色叶植物与常绿植物的搭配。主要植物及配置方案有：枫香与广玉兰，云南樟与金桂。

3. 围墙绿地

主要功能是隔离墙外丑陋的景观，保证小区内部环境的相对静谧，同时对小区外围起到生态防护的作用。设计思路：从小区内侧到围墙形成一个缓坡，靠墙侧种植竹林，以香樟组团种植打破成排的竹林，林下种植西洋杜鹃地被。由于香樟枝下高较高，因而适当点缀花灌木和剪型绿篱球，遮

挡林下的空白。

4.沿街绿地

这是步行街道的绿地,其主要功能是在满足行走和必要的休息设施前提下,尽量让场地开场空旷,保证人流的畅通。其设计元素主要采用行道树和整齐铺装。行道树以4m的间距种植,采用栾树或栾树与小叶榕间植,铺装以10cm×10cm陶瓷砖,通过色彩搭配形成具有韵律感的步行空间。在街道转角处或空间较大处以及重要出入口,划分一定地块作为绿化用地。种植设计以低矮的乔灌木及地被组成,色彩较鲜明。

景观作为房地产推广的一大卖点,在其总体规划以及景点细部设计上都应充分考虑植物对环境气氛的营造功能。居住区的绿地根据不同的立地环境对其植物景观要求不同,有强调视觉冲击力的、有强调使用性的、有强调生态保护需求的,针对不同场地不同要求设计形式多样的绿地景观,是保证房地产楼盘景观品质的关键。

案例二　成都新津枫山美地植物景观设计

枫山美地位于四川省新津县邓双镇龙岩村一组和永商镇望江村一组,北临成都至乐山的大件路与南河。规划用地面积为84 920.42m²,南高北低的山地,坡度较大,东南边局部是陡峭的悬崖,西南边是高起的山脊。场地最高点与大件路的高差约50m。

原山上有银杏、香樟、黄槐、紫叶李等苗圃植物,长势优良,可以调整应用到设计中来。周边山上的自然植被以马尾松为主,形成很有优势的边缘植物群落。原基址东侧有柑橘园,丰收在望,金色满园,局部可以在景观中加以利用。

规划区原有土地是果园,土层较厚,利于新增的景观植物的生长。表土层可以在建设之初取出堆放到空地部位,建筑基址完成清理之后,则覆土回来作绿化基址土。原山体以红色砂岩石为主体,格调与枫山美地整体统一。

枫山美地枕山林、环江水,尽显气魄,推窗赏城市美景和森林生态景观。特别是暮霭沉沉之时,蜀天云气相吞;待到朝阳出来,则可看到金色悠然飘至,一片片洒出光彩。

基址西面有山体,东面有城市公园,山体郁郁葱葱,山顶凉亭翼然而立,形成优美的外部景观。

1.楼盘建筑空间格调

建筑为地中海式的西班牙风情格调,偏欧式造型,显得洋气十足,同时金橙的色彩基调在雾蒙蒙的城市之上,形成一片靓丽的风景轮廓线。

建筑依地形变化层层上行,叠叠挑出,窗窗有景。闭门能尽享安静空间,令人联想翩翩,自得其乐,实乃枫林美地。

①山地别墅及台地房产建筑。

②绿化的垂直分布,群落层层递进。

③曲折的"之"字形道路,步移景异。

④周围的山水骨架,气质非凡,绿化面积大。

⑤推窗见景的台地式房屋特点。

⑥暖色调的建筑形态,充满温馨与浪漫,犹如地中海畔山坡上灿烂而耀眼的金色净土,使人观

望而遐想。

2. 景观空间形象特征规划

（1）色彩

营造层林尽染的空间形象风貌，植物色彩随季节变化层层递进，同时也随着建筑布局的上升逐层上升，充分考虑了植物色相的搭配关系，红黄橙等暖色体系靠前，在入口区段给人强烈的视觉冲击，逐渐深入后，以深绿、黄绿、草绿、变色叶等进行色彩过渡。

（2）空间轮廓

建筑轮廓随山体形态及建筑功能而呈现高低变化，设计中景观轮廓线的形成主要通过地形营造及植物竖向形态来控制。一方面，地形营造应与周围山体、原始山体脉络走势一致，在大气魄框架下，加以小体量的打造；另一方面，根据建筑立面形态的造型变化，搭配不同的外部形态树群，又可兼顾植物季相特征，来共同营造小区空间轮廓线。

小区的景观营建将与建筑一起构筑新津河边的新城市景观轮廓线。

3. 总体空间布局形态

依据地域环境下人群所形成的生活传统习惯，及产生这种习惯的地域文化环境，按不同建筑的布局特征，设计充满人情味及教育意味的场所空间，真正做到寓生活于平凡，在平凡中感受生活，用景观来营建一种身心健康体验，在环境中得到一种心情栖所。

枫林岛屿是规划设计的理念之一，方案中的五个主要景观功能区为枫林爱晚、嘉实、观涛、万壑松风、行云流水，犹如五个枫林浮岛，既与台地式的建筑风格与色彩相和谐，又浮于整个绿色的山体之上，形成独立而连续的整体。其中，枫林爱晚给人以醒目的枫叶色彩印象，让来这里的人们对枫山美地过目不忘。枫叶映象景观区则是将这种强烈色彩的视觉冲击与生态的景观风格延续到小区的各个角落。嘉实、万壑松风、行云流水这三个景观功能区都充分体现了健康生态的主题，而观涛景区则富含各种深厚的文化知识。

在以上所有的景观功能分区与景点设计中，除了与原有地形、建筑风格和谐统一外，将中国的传统文化（琴棋书画）、古蜀文化、五言教育文化、植物文化、新津文化都充分融入各景点的设计中突出整个规划设计的主题。如默化广场、彩叶广场、园林小品、艺术挡土墙都表现了各种文化对人们居住生活的影响。

同时，健康生态也是所有的居住区应该具有的特点，而在本规划中更是将具有独特的地形因子来表达出健康生态的主题。如枫林植物群落、溪流、台地、健身散步道、休闲小广场、儿童娱乐场、松风广场、观景平台、架空木栈道、康怡之路都体现出了健康生态的设计主题。

4. 植物景观设计

强调季相色彩变化，但同时注意常绿落叶搭配，充分应用原有山地苗圃中长势良好的树种，营造丰富的山林季相变化，形成层林尽染的大格调。

作为景观设计的重要元素之一，植物在本小区中的运用能充分体现"枫山美地"的景观主题：红叶飘飘，金色灿烂。除了用建筑的色彩与硬质广场、铺装、挡土墙、小品来体现外，大部分的景观内容要靠季相变化丰富，体现"枫叶"颜色特点的植物来表现。不仅从整个小区的植物搭配上体现小区的色彩、风格，而且在景观节点的具体设计上也要以能反映景观主题特色的植物作为主要的景观元素。尤其以色彩为金色、红色或季相变化丰富的植物为主景植物（如图10-7～图10-16）。

除了以体现景观规划理念为主要的植物选择原则外，还以施工的可操作性作为植物选择的原则之一。因此，所选用的植物都是在成都当地能大量找到并且生长良好的乡土植物与外来植物。

图10-7　楼盘入口采用枫叶作为小区主题展示

图10-8　入口色彩斑斓的枫叶景观

图10-9　入口斜坡暖色系植物景观层次

图10-10　枫雨喷泉周围植物景观配置

图10-11　行云流水植物景观配置平面图

图10-12　行云流水植物景观配置效果图（一）

图10-13　行云流水植物景观配置效果图（二）

图10-14　行云流水植物景观配置效果图（三）

图10-15　楼盘中爬山道的植物景观配置效果图

图10-16　枫叶广场植物景观配置效果图

从植物景观的设计来说，通过变化多样的搭配方式与组景方式结合自然变化的地形、坡度营造出层林尽染，移步异景的层次丰富的植物立体景观效果。不管是道路两边列植的秋色叶树，还是分布于各景观功能区中群植、孤植、丛植、散植的各种色彩丰富的植物，都充分体现出乔、灌、草多层次合理搭配的原则。既结合原有地形依山而就营造变化的景观效果，又体现出了良好的生态效益，为在这里居住的人们创造一个安闲、舒适、优美、浪漫而温馨的生活环境。

具体选择的植物有以下几类（见表10-1）。

①骨干树种：三角枫、枫香、银杏、朴树。

②常绿乔木：小叶榕、雪松、广玉兰、蒲葵、石楠、香樟、柑橘、桂花、华山松、枇杷、桢楠、乐昌含笑、天竺桂、杜英、罗汉松、黑壳楠、竹柏。

③落叶乔木：紫玉兰、白玉兰、白缅桂、银杏、黄槐、三角枫、五角枫、鸡爪槭、枫香、樱花、紫薇、紫叶李、七叶树、黄葛树、复羽叶栾树、朴树、垂柳、构树。

④灌木：石榴、苏铁、南天竹、木槿、贴梗海棠、鹅掌柴、蜡梅、西府海棠、木芙蓉、尖叶木犀榄、金叶女贞、杜鹃、小叶女贞、十大功劳、油茶、山茶、茶梅、丝兰、红叶石楠、八角金盘、栀子、六月雪、迎春、萼距花、含笑、红花檵木、黄连翘、龟甲冬青、棕竹、绣球花。

⑤多年生草本：萱草、葱兰、石竹、红花酢浆草、佛甲草、吉祥草、吊竹梅、春羽、银边草、水葱、伞草、莎草、蜘蛛兰、野车前、灯芯草、雨久花、花叶芦竹、香蒲、肾蕨、美人蕉、慈菇、黄花鸢尾、白三叶草、马蹄金、高羊茅、黑麦草、狗牙根、结缕草。

⑥藤本：常春藤、三角梅、油麻藤、金银花、蔷薇、蔓长春花、爬山虎、紫藤。

⑦竹类：琴丝竹、刚竹、慈竹、紫竹、金竹、凤尾竹。

表10-1　　　　　　　　　　　　　　枫山美地景观概念设计植物名录表

序号	名称	拉丁学名	备注	序号	名称	拉丁学名	备注
1	紫叶李	*Prunus cerasifera*	落叶乔木	19	木芙蓉	*Hibiscus mutabilis*	灌木
2	复羽叶栾树	*Koelreuteria bipinnata* Franch.	落叶乔木	20	构树	*Broussonetia papyrifera*	灌木
3	银杏	*Ginkgo biloba* Linn.	落叶乔木	21	三角枫	*Acer buergerianum* Miq.	灌木
4	垂丝海棠	*Malus halliana* Koehne	落叶乔木	22	朴树	*Celtis sinesis* Pers.	灌木
5	黄槐	*Cassia surattensis*	落叶乔木	23	五角枫	*Acer elegantulum* Fang et P. L. Chiu	落叶乔木
6	构树	*Broussonetia papyhifera*	落叶乔木	24	垂柳	*Salix babylonica* L.	落叶乔木
7	木槿	*Hibiscus syriacus*	灌木	25	华山松	*Pinus armandii* Franch.	常绿乔木
8	枫香	*Liquidambar formosana*	落叶乔木	26	小叶榕	*Ficus microcarpa* var. *pusillifolia*	常绿乔木
9	紫玉兰	*Magnolia liliflora*	落叶乔木	27	桂花	*Osmanthus fragrans*	常绿乔木
10	白玉兰	*Magnolia denudata* Desr.	落叶乔木	28	雪松	*Cedrus deodara* (Roxb.) G. Don	常绿乔木
11	鸡爪槭	*Acer palmatum* Thunb	落叶乔木	29	天竺桂	*Cinnamomum japonicum* Sieb. var. chekiangense (Nakai) M.P.Tang et Yao	常绿乔木
12	樱花	*Prunus subhirtella* (Miq.)Sok.	落叶乔木	30	桢楠	*Phoebe zhennan* S.Lee et F.N.We	常绿乔木
13	七叶树	*Prunus subhirtella* (Miq.)Sok.	落叶乔木	31	黑壳楠	*Lindera megaphylla*	常绿乔木
14	黄葛树	*Ficus virens*	落叶乔木	32	乐昌含笑	*Michelia chapensis*	常绿乔木
15	紫薇	*Lagerstroemia indica*	落叶乔木	33	杜英	*Elaeocarpus sylvestris* （Lour.）Poir	常绿乔木
16	西府海棠	*Malus micromalus*	落叶灌木	34	白缅桂	*Michelia alba*	落叶乔木
17	意杨	*Populus euramevicana* cv. 'I-214'	落叶乔木	35	石榴	*Photinia serrulata*	灌木
18	腊梅	*Chimonanthus pracox*	落叶灌木	36	罗汉松	*Podocaarpus macrophyllus* (Thunb.)D. Don	常绿乔木

序号	名称	拉丁学名	备注	序号	名称	拉丁学名	备注
37	香樟	*Cinnamomum camphora*	常绿乔木	62	茶梅	*Camellia sasangua*	灌木
38	石楠	*Photinia serrulata*	常绿乔木	63	山茶	Camellia japonica	灌木
39	广玉兰	*Magnolia grandiflora*	常绿乔木	64	红叶石楠	*Photinia serrulata*	作灌木用的乔木
40	柑橘	*Citrus reticulata Banco*	常绿乔木	65	栀子	*Gardenia jasminoides*	灌木
41	枇杷	*Eriobotrya japonica*	常绿乔木	66	含笑	*Michelia figo*	灌木
42	竹柏	*Podocarpus nagi*	常绿乔木	67	红花檵木	*Loropetalum chinense var. rubrum*	灌木
43	苏铁	*Cycas revoluta*	灌木	68	金叶假连翘（黄连翘）	*Duranta repens cv.Dwarf Yellow*	灌木
44	蒲葵	*Chinese fan palm*	常绿乔木	69	龟甲冬青	*Ilex crenata cv. Convexa*	灌木
45	贴梗海棠	*Chaenomeles speciosa*	落叶灌木	70	绣球花	*Hydrangea macrophylla f. hortensia*	灌木
46	丝兰	*Yucca gloriosa*	灌木	71	八角金盘	*Fatsia japonica*	草本
47	棕竹	*Rhapis excelsa* (Thunb.)Henry ex Rehd.	灌木	72	美人蕉	*Canna indica L.*	草本
48	金叶女贞	*Ligustrum quihoui*	灌木	73	水葱	*Scirpus validus*	湿生草本
49	南天竹	*Nandina domestica*	灌木	74	香蒲	*Typha angustata*	湿生草本
50	萼距花	*Cuphes melvilla*	灌木	75	萱草	*Hemerocallis fulva L.*	草本
51	六月雪	*Serissa foetida*	灌木	76	黄花鸢尾	*Iris pseudacorus*	草本
52	小叶女贞	*Ligustrum quihoui Carr.*	灌木	77	伞草	*Cyperus alternifolius*	草本
53	十大功劳	*Mahonia dolichostylis Takeda*	灌木	78	红花酢浆草	*Oxalis rubra*	草本
54	油茶	*Camellia oleifera Abel*	灌木	79	肾蕨	*Nephrolepis auriculata*	湿生草本
55	火把果	*Pyracantha fortuneana*(Maxim.) Li	灌木	80	蜘蛛兰	*Hymenocallis speciosa*	湿生草本
56	迎春	*Jasminum nudiflorum*	灌木	81	野车前	*Herba Plantaginis*	湿生草本
57	海桐	*Pittosporum tobira*(Thunb.)Aiton	灌木	82	莎草	*Cyperus microiria*	湿生草本
58	鹅掌柴	*Schefflera octophylla*	灌木	83	葱兰	*Zephyranthes candida*	草本
59	尖叶木犀榄	*Olea cuspidate Wall*	灌木	84	石竹	*Dianthus chinensis*	草本
60	杜鹃	*Rhododendron simsii*	灌木	85	金竹	*Phyllostachys sulphurea*	竹类
61	慈姑	*Sagittaria trifolia*	湿生草本	86	高羊茅	*Festuca arundinacea*	草本

续表

序号	名称	拉丁学名	备注	序号	名称	拉丁学名	备注
87	黑麦草	*Lolium perenne*	草本	100	刚竹	*Phyllostachys viridis* (Young) Mc Clure.	竹类
88	狗牙根	*Cynodon dactylon* (L.)Pers.	草本	101	琴丝竹	*Phyllostachys multiplex*	竹类
89	结缕草	*Zoysia japonica*	草本	102	凤尾竹	*Bambusa multiplex* cv. Fernleaf.	竹类
90	白三叶草	*Trifoli—um repens*	草本	103	春羽	*Philodendron selloum*	草本
91	马蹄金	*Dichondra repens*	草本	104	紫竹	*Phyllostachys nigra* (Lodd. ex Lindl.) Munro	竹类
92	佛甲草	*Sedum lineare* Thunb.	草本	105	蔷薇	*Rosa multiflora* Thunb.	藤本
93	银边草	*Dianella ensifolia*	草本	106	常春藤（或花叶常春藤）	*Hedera nepalensis*	藤本
94	吉祥草	*Reineckea carnea*	草本	107	三角梅	*Bougainvillea spectabilis*	藤本
95	吊竹梅	*Zebrina pendula*	草本	108	油麻藤	*Mucuna ferruginea*	藤本
96	灯心草	*Juncus effusus*	湿生草本	109	紫藤	*Wistaria sinensis*	藤本
97	雨久花	*Monochoria korsakowii* Regel et Maack	湿生草本	110	金银花	*Lonicera japonica* Thunb.	藤本
98	花叶芦竹	*Arumdo donax* L.var. versicolor Kunth	湿生草本	111	爬山虎	*Parthenocissust tricuspidata*	藤本
99	慈竹	*Ginocalamus affinis*	竹类				

案例三　别墅庭院植物景观设计（见图10-17～图10-24）

图10-17　该户型庭院植物以草坪为主，四周通过乔灌木围合私密空间

图10-18　该户型以乔灌木围合，采用多年生草本植物创造自然情趣

图10-19　该户型以乔灌木为主，通过乔木林荫创造休闲平台等实用空间

图10-20　该户型以规则式种植为主，创造疏林草地休闲空间

图10-21　该户型采用英国花园风格，创造玫瑰廊与花境庭院

图10-22　该户型采用日式庭院风格，通过乔木、青苔创造静谧的禅意空间

图10-23　该户型通过乔木林荫、近端花草创造简约园林风格

图10-24　该户型主要采用草本植物与硬地空间自然衔接

第二节　城市小游园景观植物设计

任何一个城市中心都是土地高密度使用的地块，这里高楼林立，尽全力地展现着这个城市的繁荣与奢侈；这里寸土寸金，每一方土地都在立体空间得到充分的利用。在这样的地块能有一方绿色空间实在是难得而可贵。为了充分利用市中心的土地，为人口、建筑高密度集中而带来的生态问题严重化缓解压力，市中心这些绿块就担负着城市之绿肺的作用，让过度消耗的城市之心得到些微的喘息。

针对这样的地块特殊性，在进行植物配置时关键是如何在有限的土地上提供最大限度的生态效益，建构生态园林。生态园林是继承和发展传统园林的经验，遵循生态学的原理，建设多层次、多结构、多功能、科学的植物群落，建立人类、动物、植物相联系的新秩序，达到生态美、科学美、文化美和艺术美。其设计思路是，从立体空间上营造丰富的绿色层次，以此提供最大限度的绿量；在植物选择上尽量多样化，以此提供稳定的生态系统，同时满足市中心高标准的审美需求。植物群落结构复杂，稳定性强，防风、防尘、降低噪声、吸收有害气体也明显增强，因此，在有限的城市绿地中建立尽可能多的植物群落，是改善城市环境的有效手段。在市中心公园绿地中，为了丰富其景观效果同时达到生物多样性目的，在选择植物时往往还要增加100～200种植物。在植物设计的层次上也是满足乔、灌、草立体维度的营造，且地被层茂密如织，宛如进入了热带雨林之中，更可以通过藤本植物贯穿三个层次，使景观体现原始的景观风貌。

案例一　金碧湾绿化广场

位于贵阳小河南侧，整个地形从东到西为一狭长带状，地势西高东低。东、南面邻接城市主干道，西面邻接商铺，北面大部分邻接一居住区。目前建设用地分为两块：西侧6000m²左右现为一练车场，练车场被中央2m宽左右的绿带平分为二；东侧3000m²左右为一荒废地，荒地地势起伏变化，其内杂草丛生，有一荒废的水沟平行于城市干道而卧。荒地对外接口有二：东侧桥下涵洞从下而上，西侧小区出口对接从上而下。建设用地接城市干道一侧从东向西形成高差4～5m的坎；西侧平接临时用门卫房和小区入口；北侧被小区铁栏杆隔离，小区景色若隐若现；西北侧接小河排水沟，高差2m左右。

建设用地的主要功能是：提供一个停车场，泊位由设计师定；为市民提供一个休息娱乐场所；考虑该用地以后的发展使用情况。

城市休闲广场的出现为丰富市民的生活起到了积极的功效，犹如雨后彩虹般展现了七彩绚烂阳光。红橙黄绿青蓝紫各自代表着不同的广场活动：红色代表热烈犹如广场的喧嚣；橙色代表烂漫犹如道路般的流畅；黄色代表清新犹如场地的干爽；绿色代表健康犹如林地的生机；青色代表纯洁犹如泉水般的清澈；蓝色代表祥和犹如溪湖的静谧；紫色代表浪漫犹如亭廊楼阁的诗情画意。由此，赋予了广场的七个彩色板块、七个丰富的广场活动。

广场由功能和使用者确定主要分为两种片区七个功能区。两种片区为车行区和人行区，通过绿化隔离带将两个不相容的区域分开，车行区留在外侧，人行区留在内侧，人行区与城市干道也通过绿化隔离带分开。七个功能区分别为：红色跳跃区（舞台广场区）、橙色功能区（行车区）、黄色功能区（生态停车场区）、绿色健康区（树林草地隔离带区）、青色娱乐区（涌泉戏水娱乐区）、蓝色游览休闲区（溪水小湖游览区）、紫色休闲区（亭廊休闲区），七个区域动静结合，满足不同使用群体需求。

植物配置以乡土植物为主，采用乔灌地被立体空间层次营造生态多样化的三维植物景观效果。结合地形的现状以及现有的植物材料塑造林荫广场、疏林草地、湿地景观以及乔灌地被多层次的生态植被空间。由于植物层次较为丰富，设计时分为地被层和乔木层。

地被层结合地形走势以及现状地块特征，设计成流线形的地被轮廓，根据观赏点的高低，按照观赏面逐级向内侧递增，形成立体的地被层次，色彩上采用色叶植物进行划分，规划色彩板块（见图10-23）。

乔木层结合现有沿街绿化树种以及地形特征以桂花、小叶榕、香樟等当地树种为基调树种，点缀以红枫、樱花、栾树、山茶、杜鹃等观花、色叶树种。从观赏角度向内部逐级推进，形成乔木层立体丰富的空间（见图10-25~图10-28）。

序号	名称	图例	拉丁名	规格	数量	备注
1	西洋杜鹃		Rhododendron indicum sweet. cv.	h=0.3~0.5m	753m²	
2	大叶黄杨		Evonymus japonicus	h=0.5~0.6m, s=0.5~0.6m	527m²	
3	红继木		Ligustrum	h=0.4~0.5m	506m²	
4	金叶女贞		Lortopetalum Chinense	h=0.6~0.8m, s=0.5~0.8m	404m²	
5	草花				113m²	
6	草坪早熟禾		Poa Pratensis		1857m²	

图10-25　金碧湾地被层植物设计方案

序号	名称	图例	拉丁名	规格	数量（棵）	备注
1	香樟		Cinnamomum camphora Trew	d=5~8cm	212	其中h=2~3m, d=6.11m, s=2m有2棵
2	广玉兰		M.grandiflora L.	d=8~10cm	3	
3	银桂		Osmanthus fragrans CV.Latifolia	h=2.5~3m, s=2.5~3m	5	
4	金桂		Osmanthus fragrans CV.Thunbergii	h=2.5~3m, s=2.5~3m	7	其中h=3m, d=0.3m, s=6m有1棵
5	杜英		Ficus microcarpa	d=5~8cm	6	
6	复羽叶栾树		Koelreuteria bipinnata Franch	d=8~10cm	10	
7	红枫		Liquidambar farmosana Hance	d=5cm	25	
8	樱花		Prunus duclouxii	d=5~8cm	27	
9	垂丝海棠		Malus halliana	h=2.5m, s=2.5m	22	
10	红山茶		Camellia granatum	d=3~5cm	19	
11	三角枫		Acer buergerianum	d=13~15cm	3	
12	茶梅		Camellia sasanqua Thunb	h=0.6~0.8m, s=0.8m	7	
13	苏铁		N.figo sprug	d=20cm	14	
14	栀子花		Gardenia Jasminoides Ellis	h=0.5~0.8m, s=0.6~1m	10	
15	杜鹃		Rhododendron simsii	h=0.5~0.8m, s=0.6~1m	13	
16	海桐球		Pittosporum tobira	h=0.5~0.8m, s=0.6~1m	9	

图10-26　金碧湾乔木层植物设计方案

图10-27　金碧湾广场施工完毕效果（一）

图10-28　金碧湾广场施工完毕效果（二）

案例二　云南昆明春城路东航绿地景观改造工程

　　该项目地处昆明市新民航路东侧D-8号地块，规划面积为4875m²。通过对场地现状的调查分析，结合所建建筑物的景观设置要求，在保持场地大树基本不动的条件下进行改造，以人性化的设计理念向多元化的立体绿色空间方向发展。在满足视觉景观效果的同时也融入了人文景观元素，使其与原有绿地形成开敞式空间，具有良好的通透性。

1.现状总体分析

　　根据一系列的勘察测量，该场地总体来说景观效果不佳，空间封闭感强。施工粗糙、地面低洼不平、积水到处都是，阴角垃圾多、公共设施不完善，照明系统甚缺，夜晚易有安全隐患。

2.现状植物景观分析

从现状植物景观上来看，落叶树种较多，常绿树种没有达到绿化面积的80%。乔木生长状况较好，但没有形成一定的景观轴线。灌木长势高矮不均、大小不一，没有景观节奏和层次。地被层植物匮乏，区域性老化严重，林下景观效果差，使得整个园内地面裸露红土较多，严重影响了整体的景观效果。现状植物主要有：桂花、滇朴、云南厚皮香、四照花、冬青、黄连木、拟单性木兰、红枫、小叶榕、火棘、杜鹃、肾蕨、南天竹等。从现状空间景观上分析，整个园区由于缺乏管理，景观色彩单一，缺乏立体层次感，效果太粗糙，空间利用不合理，与周围景观不协调，并没有发挥城市绿地自身的作用。（见图10-29）

图 10-29　现状分析图

3.景观要素分析

在绿化景观改造设计中，植物景观永远都是设计中的重要景观要素之一。在植物配置的选择上，所选用的植物素材不仅要与场地建筑协调，也要与周围现状的景观统一。运用植物的多样性来丰富整体景观色彩和层次，从而产生立体景观效果是景观改造设计中的重中之重。植物和现有地被是地形选择和规划中需要考虑的基本要素之一，因为在很大程度上，它们奠定了场地的特色。

景观是一个无形的场所：景观空间序列是一个渐进的感受过程。

景观是一种文化：能让人们感受到本地地域的熟悉感、归来的认知度。

景观是一条无形的线：能让一个城市的发展体现出成长的文化。

4.改造思路

以营造办公、休闲、娱乐的人文休闲场所为主要设计思路，重在打造多层次立体景观。

①保留现有乔木层，合理地规划利用。

②梳理杂乱无章的灌木层及地被层。

③整理现有植物品种，塑造疏密得当、层次分明、视线通透、景观宜人的效果。

④使其既具有现代园林的简洁大方，同时又能满足城市绿地的人文需求。

⑤创造植物多样性、景观多元化的景观效果。

5.改造原则

（1）生态性原则

在景观改造中，新航空大厦的绿化效果要与周围建筑、街道、公共空间的整体大环境和谐统一。

①在现状绿地景观的基础上进行改造。

②尽量避免和减少未来规划和改造发展中所导致的生态破坏。

③延续建筑内外生态脉络，满足城市绿地空间需要。

④改造中满足常绿树种占绿化总面积的80%，以求达到最高的生态效益。

（2）人文性原则

①秉着打造舒适、方便、愉悦的空间满足人们对绿色景观和人文景观的要求。

②保证公共绿地空间的参与性，使得每个人有享有空间的权利。

（3）联系性原则

各功能分区、活动与活动之间存在联系，以系统观念和人为管理为基础，使景观绿地规划符合社会、经济、自然系统各因素的变化规律，构建完整的绿地系统。

（4）景观性原则

采用现状丰富的植物资源，根据不同的季节，不同的特征，创造开敞性景观空间；根据场地的性质和用途，创造复合型生态空间，以此来增加城市景观多样性和异质性。

（5）操作性原则

应具有较强的可操作性，设计的理念符合功能定位。

（6）因地制宜原则

从实际条件出发，发挥现有自然条件的优势，构建多层次、多功能的生态景观系统。

6. 总体设计说明

中心广场采用几何大方的简洁手法给人们带来直观的视觉空间感，林荫大道又增添了东航大厦前开阔的视野。南北两侧采用弧线形的常用表现手法来铺装，同中心广场的几何形式形成对比，增加了空间的变化延续性。道路两侧设有小品景观和休闲、休息的坐凳及垃圾桶等设施。整个空间满足了各方面的要求。（见图10-30～图10-36）

乔木配置表

序号	植物名称	图例	备注
1	大叶樟		新增
2	拟单性木兰		新增
3	四季桂		新增
4	黄连木		原有
5	枫香		新增
6	小叶榕		新增
7	滇朴		原有
8	桂花		原有
9	云南厚皮香		原有
10	白玉兰		新增
11	紫叶李		新增
12	五角枫		原有

经济技术指标		
名称	面积/m²	百分比（%）
规划绿地面积	4875	100
原有绿地面积	2840	58.2
绿地面积	4000	82
道路广场面积	875	18

图10-30　改造后平面图

图10-31　改造后效果示意图

乔木配置表		
序号	植物名称	图例
1	大叶樟	
2	拟单性木兰	
3	四季桂	
4	黄连木	
5	枫香	
6	小叶榕	
7	滇朴	
8	桂花	
9	云南厚皮香	
10	白玉兰	
11	紫叶李	
12	五角枫	

环带
景观轴
主广场入口
休闲小广场
停车场

图10-32　功能分区图

图10-33 侧立面效果图

图10-34 正立面效果图

入口广场景观示意

乔木配置表		
序号	植物名称	图例
1	大叶樟	
2	拟单性木兰	
3	四季桂	
4	黄连木	
5	枫香	
6	小叶榕	
7	滇朴	
8	桂花	
9	云南厚皮香	
10	白玉兰	
11	紫叶李	
12	五角枫	

林荫广场效果示意图

局部鸟瞰效果示意图

休闲广场效果示意图

图10-35 改造后效果示意图

图10-36 鸟瞰效果图

7．功能分区说明

"一心，一轴，一环带"，主入口为中心景观，南北两侧为主要的景观轴线区域，划分四个小的景观分区带。中心主入口将承担大量流动人口的活动，所以，空间感比较大，能满足服务上的要求。南北两侧的景观轴引导人们的视线，是观光的主要通道，同时又是延续四个景观带的基础。在达到视觉享受的同时，还可以在绿色空间内分布休憩区域，放松心情、亲近大自然。

案例三 气象路——环城西路街头小广场绿化设计

对街头小游园科学合理的规划设计，能为市民提供良好的休憩、游乐的户外园林空间。本项目依据气象路旁的特殊地理位置，主题贯穿云南气象业发展的历程，从气象学的普通称呼中寻找设计思维，用地面铺装天气预报图案的方式来营造日月星辰、晨昏昼夜、霜雾雨露等景观概念。植物配置力求立体层次的丰富，同时注重落叶乔木和常绿乔木的合理配置，保证四季景观富于变化性。（见图10-37）

乔木配置表

序号	植物名称	图例	干径/cm	枝高/cm	冠径/cm	数量
1	香樟		8~10	5~6	1~3	5
2	桂花		8~10	5~6	2~3	5
3	石楠		8~10	5~6	3~1	2
4	云南樱花		1~5	1~3	2~2.5	1
5	棕榈		10~12	4~5	2~3	2
6	银杏		10~12	5~6	2~3	1
7	枫香		8~9	5~6	2~3	3
8	滇朴		20~25	10~15	5~6	3
9	黄葛榕		15~16	10~15	5~6	1
10	蒲葵		6~8	2~3	2~3	2
11	三角枫		10~12	6~8	1~5	1
12	小叶榕		8~9	1~5	2~3	1
13	海藻		7~8	2~3	1~2.5	7
14	玉兰		8~10	5~6	2~3	1
15	红枫		5~6	2~3	2~2.5	2
16	球花含笑		8~10	1~5	2~3	7

荷兰生态砖铺　树池座凳

图10-37 气象路—环城西路街头小广场绿化平面图

案例四 大观路—近华路延长线街头小游园绿化

本项目位于近华路、大观路的危地改造景观路段，主题取廊然大观、大有可观之意。植物种植遵从花瓣满地、花香袭人、多层次配置的原则。广场铺装主要采用荷兰生态转，透气透水，有很好的生态性。（见图10-38）

乔木配置表

序号	植物名称	图例	干径/cm	枝高/cm	冠径/cm	数量
1	樱花		4~5	2~3	1~2	5
2	香樟		10~12	5~6	1~2	1
3	玉兰		6~8	2~3	1~2	2
4	大兰		6~8	2~3	1~2	1
5	清香木		8~10	5~6	3	2
6	石楠		6~8	5~6	3	1
7	云南栾树		8~10	5~6	3	3
8	大叶樟		8~10	5~6	3	3
9	黄杨		8~10	5~6	3	1
10	鸟丝海棠		6~8	2~3	1~2	1
11	飘香		6~8	2~3	3	1
12	四季桂		3~4	1~5	1~1.5	1
13	八月桂		3~4	2~3	1~2	7
14	腊梅		2~3	1~2	1~2	1
15	缅桂		2~3	2~3	5	1
16	球花含笑		6~8	3~4	1~2	1

10-38 大观路—华路延长线街头小园绿化平面图

案例五　西山区拆违道路绿化改造

本项目包括红富村街道段和渔户村街道段道路绿化改造。设计追求功能的满足及景观的丰富，旨在为市民提供一个休息娱乐的场所，也为城市增加一道靓丽的风景线。植物配置以乡土植物为主，采用乔、灌、地被立体空间层次营造生态多样化的三维植物景观效果，同时注重四季景观的营造。

（1）红富村街道段

设计的灵感来源于"缤纷乐章"，和煦的风吹开了耀眼的太阳花，生活在昼与夜的交替中继续。设计以太阳花形态的广场象征"生活的乐观积极"，以色彩渐变的植物带抽象描述深海之螺，通过中部广场的音线形地灯来阐述乐之魂。（见图10-39）

（2）渔户村街道段

设计的灵感来源于"渔人的故事"，清晨的微风拂过玉翠般的水面，勤劳的渔人抛开渔网，开始一天的行程。船在水上浮，鱼在水中潜。撒网，捕捞，收载，收获。（见图10-40）

植物配置平面图1:100

图10-39　红富村街边绿化植物配置平面图

植物配置平面图1:300

图10-40　渔户村街边绿化植物配置平面图

第三节　城市道路景观植物设计

园林道路分为主路、次路和小路。主路绿化常常代表绿地的形象和风格，植物配置应引人入胜，形成与其定位一致的气势和氛围。如在入门的主路上定距种植较大规格的高大乔木如悬铃木、香樟、杜英、榉树等，其下种植杜鹃、红槭木、龙柏等整形灌木，节奏明快富有韵律，形成壮美的主路景观。次路是园中各区内的主要道路，一般宽2～3m；小路则是供游人在宁静的休息区中漫步，一般宽仅1～1.5m。绿地的次干道常常蜿蜒曲折，植物配置也应以自然式为宜。沿路在视觉上应有疏有密，有高有低，有遮有敞。形式上有草坪、花丛、灌丛、树丛、孤植树等，游人沿路散步可经过大草坪，也可在林下小憩或穿行在花丛中。竹径通幽是中国传统园林中经常应用的造景手法，竹生长迅速，适应性强，常绿，清秀挺拔，具有文化内涵，至今仍可在现代绿地见到。园林道路是全园的骨架，具有组织游览路线、连接景观区等重要功能。道路植物配置无论从植物品种的选择还是搭配形式（包括色彩、层次高低、大小面积比例等）都要比城市道路配置更加丰富多样，更加自由生动。

一、城市道路绿化

城市道路绿化的布置形式也是多种多样的，其中断面布置形式是规划设计所用的主要模式，常用的城市道路绿化的形式有以下几种。

1．一板二带式

这是道路绿化中最常用的一种形式，即在车行道两侧人行道分隔线上种植行道树。此法操作简单、用地经济、管理方便。但当车行道过宽时行道树的遮阴效果较差，就不利于机动车辆与非机动车辆混合行驶时的交通管理。

2．二板三带式

在分隔单向行驶的两条车行道中间绿化，并在道路两侧布置行道树。这种形式适于宽阔道路，绿带数量较大、生态效益较显著，多用于高速公路和入城道路绿化。

3．三板四带式

利用两条分隔带把车行道分成三块，中间为机动车道，两侧为非机动车道，连同车道两侧的行道树共为四条绿带。此法虽然占地面积较大，但其绿化量大，夏季蔽荫效果好，组织交通方便，安全可靠，解决了各种车辆混合互相干扰的矛盾。

道路与街道两侧的高层建筑形成了城市大气下垫面内的狭长低谷，不利于汽车尾气的排放，直接危害两侧的行人和建筑内的居民，对人健康的危害相当严重。基于隔离防护主导功能的道路绿化主要发挥其隔离有害有毒气体、噪声的功能，兼顾观赏功能。绿化设计选择具有耐污染、抗污染、滞尘、吸收噪声的植物，如雪松、圆柏、桂花、珊瑚树、夹竹桃等，采用由乔木群落向小乔木群落、灌木群落、草坪过渡的形式，形成立体层次感，起到良好的防护作用和景观效果。

案例一　安宁中华路延长线道路绿化设计

安宁中华路西延长线，地处大屯开发区，是开发区开发的第一个项目，也是安宁市新区建设的形象工程，东西贯长3000m，路侧绿化控制在20m，包括桉树林前一个广场和广电局旁一湿地公园，是一个集人行道绿化、路侧休闲娱乐为一体的景观道路公园。

该道路地形复杂，为设计丰富的绿化空间提供了良好的前提。该道路的绿化功能多元化要求具有：参与性，满足市民活动的需求，如健身、展览、表演、集会、休息、赏景、社交等；生态性，强调绿化和环境效益，强调植物配置在广场构成中的作用，形成一定的植物景观是该类广场的一大特点，强调就地取材充分利用原有植被；丰富性，空间形式丰富，大小穿插、高低错落、充满变化；灵活性，充分结合环境和地形，可大可小、可方可圆，成为最贴近居民最方便使用的公共活动场所。

整条道路地形起伏、坡度较大，山顶环岛将道路分成东西两段，由于道路标准面的差异以及两侧地形变化较大，经过整合处理，将道路分成5个大断面：环岛、广场、湿地公园、东侧断面以及9个小断面。（见图10-41～图10-45）

整个道路的景观组成以植物造景为主，植物的选择充分考虑道路视觉、环境

中华西路延长线地形复杂，总起来说由山顶的环岛将路段分为两段，分别向东西两向成较陡坡下行；包括环岛和两侧的大块绿带，将该路段分为5个景观段。

图10-41　按照地形将整个道路分为5个景观段

图10-42　中央环岛梅花构图平面图及剖面图

图10-43　中央环岛梅花构图效果

设计说明：

1. 分车隔离带
   采用绿篱剪形+灌木球+小乔木结构；绿篱采用5m为单位的长方形构图，小乔木采用枝叶稀疏观赏性较强的树种

2. 行道树绿化
   采用1.5m×1.5m的种植池，行道树采用落叶乔木与常绿乔木间植，树下采用三种色块绿篱

3. 路侧绿化
   将原规划的道路6m通道全用于绿化，将人行道退后与临街道路合二为一。临街绿化设计：结合乔灌草种植，形成自然群落

图10-44 东侧断面平面设计图

设计说明：

1. 分车隔离带
   采用绿篱剪形+灌木球+小乔木结构；绿篱采用5m为单位的长方形构图，小乔木采用枝叶稀疏观赏性较强的树种

2. 行道树绿化
   采用1.5m×1.5m的种植池，行道树采用落叶乔木与常绿乔木间植，树下采用三种色块绿篱。

3. 路侧绿化
   将原规划的道路6m通道全用于绿化，将人行道退后与临街道路合二为一。临街绿化设计：结合乔灌草种植，形成自然群落

图10-45 西侧断面平面设计图

要求的特殊性，整个绿化内避免选择多花粉、芳香植物，所选植物在适地适树原则指导下，以常绿为主，较多采用色叶植物，如：红枫、红檵木、金叶女贞等进行不同的色块组合，同时运用生态学原理营造乔、灌、草相结合的植物群落景观。

1.环岛

整个设计平面图案采用安宁市的市花——梅花，利用市树滇翠柏勾勒梅花瓣的轮廓，立体空间

从环岛边缘向环岛中心逐渐上升。环岛外围采用色叶花灌木，形成梅花的大轮廓，环岛内侧采用常绿乔木至核心部位的滇翠柏达到高峰，中层采用梅花等开花灌木过渡边缘与内侧，让整个立体空间层次饱满。

2．广场

该广场依托现有的桉树林为背景，旨在为广大市民提供休闲、娱乐、体育场所，广场通过该段路入口的休闲步道逐步展开直至环岛，其间设以亭、廊、花架、停留小广场，并设有休息座椅，为市民提供休闲的空间，广场设有修饰柱廊和体育运动广场及配套的茶室、厕所等附属建筑。

3．东侧断面

中央隔离带采用流线型地被，营造动感的构图，其上间植冬樱花与紫薇；路侧绿化随着人行道往内侧逐步推进展开绿化层次，从花灌木到小乔木到乔木，创造逐级递进的空间层次。

案例二　大理大凤路全线景观绿化设计

大理大凤路全线，是国道214线大理至凤仪的一级路段，全长30km，其中大理至下关段路基宽50m，下关至凤仪段路基宽60m，双向共十车道。该工程具有交通、城市市政设施一次配套功能，包括电力、电信、给排水和绿化、照明等设施。苍洱景观大道位于大理市下关北区，是连接苍山、洱海的一条重要的景观轴线，道路两边建筑各退让20m用作绿化，形成100m的城市景观大道。

全线景观设计在传承大理文化名邦的优秀历史文化的同时，也给全面向前发展的大理创造一个舒适优美的城市公共空间。苍洱景观大道绿化设计尽量体现出大理地区风貌特色，设计中融合地理、历史、人文因素，体现浓厚的文化氛围。

1．景观布局

全线景观设计以"一弯绿轴，三颗明珠，依托苍洱文韵，盛起风花雪月"为景观布局。（见图10-46）

图10-46　景观布局分析图

"一弯绿轴"：以乔灌草搭配而成的景观轴在城市中形成一条蜿蜒的绿色廊道，连接城市的风景，维系了城市的生态，引导动态旅游。

"三颗明珠"以大理段，苍洱段，凤仪段组成。三段似三颗明珠串在绿色的廊道上，以各种乔木、灯柱、小品、雕塑等景观元素构成了道路景观序列，形成了不同的景观形态，连接不同的文化脉络。

2.景观节点及带状绿地模式

①大凤路共设置26处绿化节点，以路路交叉、路与溪交叉、路旁带状绿地结合道路两旁10m绿化带进行布置。（见图10-47～图10-57）

图10-47　大理至凤仪路绿化节点分布图

图10-48　苍山门广场景观节点平面图

图10-49　鸳溪，隐仙溪景观节点平面图

图10-50　梅溪景观节点平面图

图10-51　文献楼广场景观节点平面图

图10-52　一塔寺景观节点平面图

图10-53　黑龙溪景观节点平面图

图10-54　葶溟溪景观节点平面图

图10-55　阳南溪景观节点平面图

图 10-56　带状绿地设计模式一平面图

图10-57　带状绿地设计模式一立面图

②三种带状绿地模式如图10-58～图10-60。

图 10-58　带状绿地设计模式二平面图

图10-59　带状绿地设计模式二立面图

1—景观雕塑;	6—喷泉;
2—景观广场;	7—沿岛线河面;
3—灯座;	8—文化广场;
4—休闲漫步道;	9—休闲漫步道;
5—休闲漫步道;	10—绿色植物空间（同下为活动场地）

图 10-60　带状绿地设计模式三平面图

3.各景观段分析

（1）有凤来仪——凤仪景观大道标准段一

梧桐引来金凤凰，金色的假连翘，形成一条金色大道，成为大理凤仪新区的入城景观。（见图10-61、图10-62）

图10-61　有凤来仪道路标准平面图

图 10-62　有凤来仪道路标准剖面图

（2）波罗翠堤——凤仪景观大道标准段二

顺波罗江，绿化带行云流水，轻柔而飘逸地展现出街道的流动气息。其中点缀的树干，如波浪中起伏的扁舟。（见图10-63、图10-64）

图10-63 波罗翠堤道路标准平面图

图10-64 波罗翠堤道路标准剖面图

（3）苍松翠幕——苍洱景观大道段

苍山雪的冷峻气质，要有娇美的樱花、海棠相配，形成苍山云霞幻灭的景象。（见图10-65、图10-66）

图10-65 苍松翠幕道路标准平面图

图10-66 苍松翠幕道路标准剖面图

（4）清音碧绿 ——大理景观大道段

此方案采用古典园林自然美为主题思想，在地被的处理上采用流畅的线条把整个景观融入到自然之中。（图10-67~图10-69）

小叶女贞　香樟　金叶女贞　樱花　三叶草　柳树　红花油茶　水杉

图 10-67　清音碧绿道路标准平面图

图10-68　文献楼广场效果图

图10-69　三塔广场效果图

4.凤仪路段绿化景观节点设计

凤仪一线中凤仪段共设计九个节点广场，这九个绿化景观广场的设计理念是：沿着千年古邦历史脉络，流动现代古城的时尚风采。造景旨意既有古韵文风，又要依托苍松翠幕、洱海柳浪的大背景；既有飞花逐月，又有凤来仪，盛起风花雪月的四季花开不断；既有满陇桂雨，又是春花如潮，冬寒樱梅盛开。从而用云南和大理丰富的珍贵植物资源，科学的布局和艺术的构思打造凤仪段九个绿化广场的特色。各自突出春花如潮，夏季繁花似锦，秋花艳丽，冬花出香的迷人景色。盛起风花雪月的自然风景线。

（1）种植设计的原则

以适应大理自然环境和生长优良的具有特色观赏性能的植物为优选树种。大理人民最爱种植山茶花，它花大色艳，盛花一树，尤似红云；杜鹃花是大理的市花，它的自然分布最多最广，适应性最强，花多花繁；还有大理市的乡土优良风景树种，如滇朴、黄连木、鸡素子、大青树、华山松、银木荷、球花石楠等，在本设计中定位骨干树种。各景点的地被植物突出一个色彩的变化，体现整段风景的过渡与统一。彩色地被植物组成花镜、花坛、花带，采用多种具有色彩的地被植物，形成仿花环境，既有彩色花环，又有彩色花带，以显示气势非凡、花开花落、四季春意浓浓，给人以深刻感受。

（2）九个景观节点设计

①凤仪收费站处用银杏、枫香、三角枫、红枫等树种形成秋色景观大道。（见图10-70，图10-71，表10-2）

图10-70　凤仪收费站平面图

表10-2　　凤仪收费站主要植物配置表

图例	植物名称	树径	树高	树冠
	银　杏	米径10～13cm	4m	3m
	滇　朴	米径20～30cm	6～6.5m	3～3.5m
	冬樱花	米径10～15cm	3～4m	2.5～3m
	三角枫	米径8～10cm	4～5m	3～4m
	红　枫	米径4～5cm	1.5～2m	1～1.5m

图10-71　凤仪收费站效果图

②师岗铁路广场用景观石和文化墙突出大理的历史文化内涵（见图10-72、图10-73，表10-3）。

图10-72　师岗铁路广场平面图

表10-3　　师岗铁路广场主要植物配置表

图例	植物名称	树径	树高	树冠
	滇朴	米径20～30cm	6～6.5m	3～3.5m
	慈竹		4～4.5m	
	马樱花	地径15～20cm	1.5～2m	1.5～2m
	球花石楠	米径6～7cm	3～4m	2～3m
	假连翘	地径4～5cm	1～1.2m	1～1.2m
	杜鹃	地径4～5cm	1～1.5m	1～1.5m
	南天竹		60～80cm	
	桂花	米径18～20cm	4～4.5m	4m
	黄葛榕	米径20～40cm	5～6m	4～5m
	华山松	米径10～12cm	4m	4～5m

图10-73 师岗铁路广场效果图

③新老路三角绿地用丰富的植物色彩搭配来烘托景观石的神韵（见图10-74、图10-75，表10-4）。

图10-74 新老路三角绿地平面图

表10-4　　　　　新老路三角绿地主要植物配置表

图例	植物名称	树径	树高	树冠
	垂叶榕	米径4～5cm	2～2.5m	0.8～1m
	红花油茶	米径12～15cm	4～5m	3～4m
	人青树	米径8～30cm	3～6m	1.5～4m
	香樟	米径8～10cm	3～4m	1.5～2m
	枫香	米径10～15cm	3～4m	2.5～3m
	红枫	米径6～8cm	1～2m	0.8～1.5m
	复羽叶栾树	米径5～6m	3～4m	3m
	红花木莲	米径5～6cm	3～3.5m	2～3m
	银木荷	米径5～6cm	3～4m	3～3.5m
	杜鹃	地径15～20cm	1～1.5m	
	马缨花	地径15～20cm	2～2.5m	
	映山红	地径2～3cm	1～1.5m	1～1.5m
	球花石楠	米径6～7cm	3～4m	2～3m

图10-75　新老路三角绿地效果图

④凤中路广场用梧桐引来金凤凰——以凤凰木、三角枫、红枫为背景，来烘托主题雕塑（凤凰雕塑）（见图10-76、图10-77，表10-5）。

图10-76　凤中路广场平面图

表10-5　　　　　　凤中路广场主要植物配置表

图例	植物名称	树径	树高	树冠
	凤凰木	米径8～10cm	3～4m	2～3m
	香樟	米径8～10cm	3～4m	1.5～2m
	大青树	米径8～30cm	3～6m	1.5～4m
	银杏	米径10～13cm	4m	3m
	桂花	米径18～20cm	4～4.5m	4m
	红花油茶	米径12～15cm	4～5m	3～4m
	华山松	米径10～12cm	4～5m	4m
	三角枫	米径8～10cm	4～5m	3～4m
	假连翘	地径4～5cm	1～1.2m	1～1.2m
	杜鹃	地径2～3cm	1～1.5m	1～1.5m
	红枫	米径4～5cm	1.5～2m	1～1.5m
	马缨花	地径15～20cm	2～3m	2.5m

图10-77　凤中路广场效果图

⑤波罗江带状绿地以一条绿轴为人们提供休息的佳地，春秋景色迷人，色彩鲜艳（见图10-78、图10-79，表10-6）。

图10-78　波罗江带状绿地平面图

表10-6　　　波罗江带状绿地主要植物配置表

图例	植物名称	树径	树高	树冠
●	球花石楠	米径6～7cm	3～4m	1.5～2m
●	冬樱花	米径8～10m	3～4m	3～4m
●	大青树	米径8～30cm	3～6m	1.5～4m
●	银杏	米径10～13cm	4m	3m
●	杜鹃	地径4～5cm	1～1.5m	1～1.5m
●	八角	米径8～10cm	3～4m	2～3m

图10-79　波罗江带状绿地效果图

⑥关宾路三角广场：民族林——以简洁的道路线条，丰富多样的植物色彩体现大理民族文化的深厚底蕴（见图10-80、图10-81，表10-7）。

图10-80　关宾路三角广场平面图

表10-7　　　　关宾路三角广场主要植物配置表

图例	植物名称	树径	树高	树冠
	红 枫	米径4～5cm	1.5～2.0m	1.0～1.5m
	大叶榕	米径10～15m	3.0～4.0m	3.0m
	大青树	米径20～40cm	5.0～6.0m	4.0～6.0m
	青 梅	米径12～20cm	2.5～3m	3.0m
	遍地黄金		50m	10m
	黄连翘		20～25m	20～25m
	滇 朴	米径12～30cm	6.0～6.5m	3.0～3.5m
	杜 鹃	地径4～5cm	1.0～1.5m	
	黄葛榕	米径20～40cm	5.0～6.0m	4.0～5.0m
	红花油茶		1.0～1.5m	0.5～1.0m
	小叶女贞球		1.0～1.2m	1.0m

图10-81 关宾路三角广场效果图

⑦飞来寺广场：此设计以简洁大方的主题风格，以色叶植物打破生硬的线条，使人们的旅途更加愉悦（见图10-82、图10-83，表10-8）。

鹅掌楸
茶 梅
八角金盘
黄葛榕
云南樱花
茶 梅
凤凰木
大青树
桂 花
茶 梅
茶 梅
紫 藤
满天星

图10-82 飞来寺广场平面图

表10-8 飞来寺广场主要植物配置表

图例	植物名称	树径	树高	树冠
	茶 梅		25～30cm	20～25cm
	鸭脚木		25～30cm	20～25cm
	八角金盘		25～30cm	25cm
	紫藤	L40～50cm		
	凤凰木	米径10～12cm	3～4m	2.5～3m
	黄葛榕	米径20～40cm	5～6m	4～5m
	云南樱花	米径8～10cm	3～4m	3～4m
	黄连木	米径15～20cm	5.5～6m	2～3m
	大青树	米径20～40cm	5～6m	4～6m
	红 枫	米径4～5cm	1.5～2m	1.5～2m
	桂 花	米径20cm	4～4.5m	4m
	大叶榕	米径10～15cm	3～4m	3m
	春 鹃		30cm	30cm
	满天星		15～20cm	15～20cm

197

图10-83　飞来寺广场效果图

⑧加油站广场在设计中，体现"花落过，月影变幻，如同人生之旅途，充满变化，又是不可变化的轮回"的设计主题（见图10-84、图10-85，表10-9）。

图10-84　加油站广场平面图

表10-9　　加油站广场主要植物配置表

图例	植物名称	树径	树高	树冠
	小叶女贞球		1～1.2m	1m
	露珠杜鹃	地径4～5cm	1～1.5m	
	云南梧桐	米径10～12cm	3～4m	2.5～3.0m
	毛叶丁香		1.2m	1～1.2m
	大青树	米径8～30cm	3～6m	1.5～4m
	三角枫	米径8～10cm	4～5m	3～4m
	冬樱花	米径8～10cm	3～4m	2～3m
	滇润楠	米径5～6cm	3m	2～3m
	滇朴	米径20～30cm	6～6.5m	3～3.5m

图10-85 加油站广场效果图

⑨满江路口与满江、龙山相毗邻，留下的不仅是香气袭人，花香漫道，也留下了点点滴滴的花之雨（见图10-86、图10-87，表10-10）。

图10-86 满江路口平面图

表10-10 满江路口主要植物配置表

图例	植物名称	树径	树高	树冠
	黄葛榕	胸径20～40cm	5～6m	4～5m
	鸡素子	胸径5～6cm	3m	2～3m
	遍地黄金		50m	10cm
	八角金盘		25～30cm	25cm
	三角枫	胸径8～10cm	4～5m	3～4m
	枫香	胸径10～15cm	3～4m	2.5～3m
	大青树	胸径8～30cm	3～6m	1.5～4m
	云南樱花	胸径8～10cm	3～4m	2～3m
	凤凰木	胸径8～10cm	3～4m	2～3m

图10-87 满江路口效果图

二、高速公路绿化

良好的高速公路植物配置可以减轻驾驶员的疲劳，丰富的植物景观也为旅客带来了轻松愉快的旅途经历。高速公路的绿化由中央隔离带绿化、边坡绿化和互通绿化组成。

中央隔离带内一般不成行种植乔木，避免投影到车道上的树影干扰司机的视线，树冠太大的树种也不宜选用。隔离带内可种植修剪整齐、具有丰富视觉韵律感的大色块模纹绿带，绿带中选择的植物品种不宜过多，色彩搭配不宜过艳，重复频率不宜太高，节奏感也不宜太强，一般可以根据分隔带宽度每隔30～70m距离重复一段，色块灌木品种选用3～6种，中间可以间植多种形态的开花或常绿植物使景观富于变化。

互通绿化位于高速公路的交叉口，最容易成为人们视觉上的焦点，其绿化形式主要有两种：一种是大型的模纹图案，花灌木根据不同的线条造型种植，形成大气简洁的植物景观。另一种是苗圃景观模式，人工植物群落按乔、灌、草的种植形式种植，密度相对较高，在发挥其生态和景观功能的同时，还兼顾了经济功能，为城市绿化发展所需的苗木提供了有力的保障。

边坡绿化的主要目的是固土护坡、防止冲刷，其植物配置应尽量不破坏自然地形地貌和植被，选择根系发达、易成活、便于管理、兼顾景观效果的树种。

第四节　城市公园植物景观设计

城市公园的植物景观规划其首要之处是创造出一个绿色氛围，绿地率一般都应在70％以上，这样才能形成一个良好的适于游客参观、游览、活动的生态环境。使游人不但体会主题内容给予的乐趣，而且可以在林下、花丛边、草坪上享受植物给予的清新和美感。

植物景观规划可以从以下几个方面重点考虑。

①绿地形式采用现代园林艺术手法，成片、成丛、成林，讲究群体色彩效应，乔、灌、草相结合，形成复合式绿化层次，利用纯林、混交林、疏林草地等结构形式组合成不同风格的绿地空间。

②各游览区的过渡都结合自然植物群落进行，使每一个游览区都掩映在绿树丛中，增强自然气息，突出生态造园理念。

③采用多种植物配置形式与各区呼应，如规则式场景布局采用规则式绿地形式，自由组合的区域布局则用自然种植形式与之协调，使绿地与各区域形成一个统一和谐的整体。

④植物选择上立足于乡土树种，合理引进优良品种，形成乐园的绿地特色。

⑤充分利用植物的季相变化来增加乐园的色彩和时空变幻，做到四季景致鲜明；常绿树和落叶树、秋色叶树的灵活运用，以及观花、观叶、观干树种的协调搭配，可以使植物景观更加绚丽多彩，效果更加丰富多样。

案例　大理洱海公园植物景观设计

大理洱海公园是大理市绿地系统建设中规划改扩建的城市综合性公园。该公园北侧面向辽阔的洱海，西侧遥看巍峨的苍山，东侧眺望雾霭蒙蒙的海东群山，南侧可观下关新城优美的景致。随着大理市新城区向西部满江片区的发展，洱海公园在大理市景观中构成了城中绿色浮岛，与西洱河公园、珠海公园、满江滨海湿地生态公园一起构成洱海南端绿色生态屏障，成为滨海绿色景线，是构建"山水相依、水天相连、城中有林、清新自然"的山水园林城市绿地系统的重要建设内容，也是把大理建设成为滇西中心城市、省级园林城市和国家级园林城市的重要内容之一。对于提升大理市旅游形象和为当地人民提供休闲场所具有重要意义（见图10-88～图10-95）。

图10-88 洱海公园总体规划图

图10-89 洱海公园植物现状图

图10-90 洱海公园植物区划图

—大理市洱海公园—
总体景观规划设计

原图竹径小道改造

竹，四季常青，姿态优美，情趣盎然，独具风韵。在洱海公园内，利用其原有的竹园，再进行扩大规模，建成竹类园。

竹园在中心花园东侧，有较好的两水体相连，周围栽种有长势良好的竹丛。

沿山坡至办公楼圆亭侧，有两台地相连，设计中加以充分运用。

弯曲竹径，卵石铺砌，竹中敞林地设小竹楼作为空间过渡与转折。

竹林　亭　水体　办公区

竹园

图10-91　竹园现状图

杜鹃图

—大理市洱海公园—
总体景观规划设计

·山顶水湿地草坪向水体逐渐缓慢过渡。
·多层次，多种类的水生植物，创造丰富的水边景观。

·自然生态化的设计，完全展示植物多彩的一面，植物造景为主。
·沿不同高台布置蜿蜒步道，种植花木。
·山顶景观优良点安设观景设施，牌门或亭。
·形成林中场地，空地，营造林中交流活动场所。

杜鹃园区

图10-92　杜鹃园规划图

图10-93　岩石园意象设计图

图10-94　茶花园1鸟瞰图

图10-95　茶花园2鸟瞰图

1. 植被现状（见表10-11）

表10-11　　　　　　　　　洱海公园现状植物调查一览表

序号	植物名称	分布区域	长势	景观状况	数量
1	杜鹃	西山坡	差	差	少
2	蓝桉	全景	好	差	多
3	柏树	中部、南部	好	差	多
4	云南松	西山坡	好	好	多
5	香樟	北部	好	好	多
6	樱花	北部	好	好	多
7	柳树	北部	好	好	好
8	云南山茶花	中部	差	好	中
9	滇杨	北部	好	好	多
10	华东山茶花	中部	差	好	中
11	木兰	中北部	好	好	好
12	三角枫	中东南	差	差	少
13	水杉	北部	好	好	中
14	池杉	北部	好	好	少
15	竹类	中部山顶	好	好	多
16	圣诞树	北部、南部	中	中	多

①从整体上看洱海公园植被较茂密，绿化覆盖率高，除新开发的东片区及正在兴建的滨湖大道外大部分地区都被较浓密的乔灌木所覆盖。主要的树木为蓝桉、冲天柏、圆柏、金合欢、云南松，局部地带如中部地带植物种类较丰富，如：竹、山茶、榕、棕榈、南洋杉、李、梅、香樟、槭树等。

②北部植被较好，为多种树木的混交林，植物层次丰富，景观效果较好，在绿色树丛间点缀了一些开花灌木——棠梨。为单调的山间景观增添一些亮点，但棠梨花色为白色，色彩单一，并不十分引人注目。整个北部片区植物景观较好。沿曲折的盘山登道穿梭在树丛树荫中，不仅可以看到满目的绿意，呼吸新鲜的空气，还能透过树丛看到碧蓝的洱海。原有海滨种植有樱花林、柳林，为春季景观带。

③南部地区植被景观为下关市城市背景林，整体景观效果差，树种少，主要为桉树、柏树、金合欢的混交林。桉树无论从树形、色彩上都没有很好的景观价值，柏树常绿，金合欢冬季开花为金黄色，为冬季的山林带来了一些暖意。沿游览道路一路走来，道路两旁景观变化少，几乎没有开花灌木。

④东片区为公园的新开发区，大部分地方黄土裸露，急需绿化改造，目前绿化改造已初步完成。

⑤西片区为景观单一的云南松林地带，有大量桉树成为上层乔木，局部息龙池水池周边有部分

乌桕、三角枫等秋景树，显得杂乱，没有景观效果。

总体上洱海公园植被茂密，但景观效果差，上层大乔木蓝桉高大可以阻挡南风对公园和游人的侵袭。中层为金合欢、柏树。下层多为没有观赏价值的野草。基本上没有大面积的秋色叶树和观花灌木，四季景观变化不显著，整体色彩单一，山体轮廓线变化小，不能做到四时之景不断，也完全不能体现出大理苍山丰富多彩的植物个性。

⑥植物景观现存问题以及建议保留的植物。

现存问题中最主要的为：植物景观较差，没有体现出大理地区的特色植物景观以及丰富的植物资源。植物色彩变化单一，色彩层次少，配置上景观效果差，没有按一定的生态群落进行配置。

在一期规划中逐步替换现有的蓝桉，从东北部向西南部开始分批次替换蓝桉。以阻挡西南风对公园的侵袭。

北部片区的植被较好，在保留原有植被的基础上加入开花灌木，增加色彩和芳香植物，提高景观的观赏性；西部片区的松林保留，在松林下层加入各色杜鹃，构成松树杜鹃林。

2．植物景观详细规划

根据洱海公园的地理位置、地形、地貌及土壤情况，依据现状植物分布及植物规划构景目标，拟设置梅竹类、茶花、杜鹃、岩石园等专类园，以及南北的秋景大道（南）和樱花大道（北），南部城市背景林等，将不同花期的花木聚集于公园之中，使公园有四季不同之景，花开不断，充分体现大理"风、花、雪、月"之一的"花"。

（1）植物景观详细规划原则

1）生态化、自然化，植物花色多姿多彩，植物品种丰富多样的城市花园

由于生存环境一再遭到破坏，21世纪是重视人与环境和谐发展的生态时代，人们越来越重视关注自己生存环境的绿化生态效益，这就推动植物学朝着更为生态化的方向发展，以满足人们对生存环境更高的要求。绿化生态效益的发挥，主要由树木、花草的种植来实现，因此以绿为主是植物造景的着眼点，良好的植物景观往往作为建筑、小品、铺装的生动背景，通过色彩、质感等方面的对比来突出特定空间，起到点景作用。以绿为主的景观绿化不仅要平面化，而且提倡"林荫型"和立体绿化模式。

2）城市森林公园，植物专类园，科普研究价值

以城市森林的概念营造公园片林，达到充分发挥生态效益的目标。以营造植物专类园体现大理丰富的植物多样性，从而在生态效益和生物多样性方面起到一定科普教育的作用。

3）城市大背景林，丰富山体轮廓线，提升城市形象

大理市洱海公园南坡是开发区具有一流环境的民族广场主背景，也是机场公路、火车站的重要直视背景，是大理苍洱风景名胜区主要入口的景观节点。该区域园林环境的好坏，是否有特色，直接影响游客对大理市城市建设及自然风光的评价和印象。目前该区远观叶色灰白的蓝桉密集丛生，与周围优美的环境极不协调。该区改造的重点是：更新砍伐区内近1000株左右的桉树，以利于林下替代树种的快速形成；兴建与南大门建筑风格相协调的园林建筑、游路配套设施。以滇杨、香樟、石楠、女贞、刺槐、黄槐等为主进行相应的园林绿化美化改造。

4）生态观光型模式

针对人流量大和周边环境有较大污染的现状情况，强化森林植被吸收有害气体、吸滞粉尘、削减噪声等生态环境效应，减轻环境污染对人体的危害。植物配置主要强调发挥森林植物的生态环境功能，以改善环境质量为主，适当考虑景观效果。基调树种选择：樱花、香樟、合欢、栾树、枫香、广玉兰；骨干树选择：女贞、黄杨、冬青。滨海大道采用樟树与樱花，栾树与女贞、大叶黄杨组合。南部与居民区交接处采用枫香、广玉兰、枫香与大叶冬青、合欢与厚皮香等常绿树和落叶树组合，既增强林带的生态环保功能，又能兼顾景观效果。

（2）植物景观色彩区划

1）北面区

面洱海，烟波浩渺，柳条垂湖，丝丝柔情。营建樱花大道，将此片区规划成为春景区，山坡上原有常绿树较多，因此仅在山脚增加樱花数量种类，山腰合适地方间去长势不好植物，增种樱花，粉红一片，形成花海（见表10-12）。

表10-12   北部片区植物名录

分区	名称	拉丁学名	树性
松林坡	云南油杉	*Keteleeria evelyniana*	乔木
	苍山冷杉	*Abies delavayi*	乔木
	云南铁杉	*Abies dumosa*	乔木
	云杉	*Picea Likangensis*	乔木
	云南松	*Pinus yunnanensis*	乔木
	华山松	*Pinus armandi*	乔木
	杉木	*Cunninghanria Lanceclata*	乔木
	翠柏	*Calocedrus macrolepis*	乔木
	干香柏	*Cupressus duclouxiana*	乔木
	藏柏	*Cupressus torulosa*	乔木
	柏木	*Cupressus funebris*	乔木
	侧柏	*Platycladus orientalis*	灌木
	柳杉	*Cryptomeria fortunei*	灌木
	扁柏	*Chamaecyparis robusta*	灌木
	地盘松	*Pinus yunnanensis* f. *pygmaea*	灌木
	石栎	*Lithocarpus dealbatus*	乔木
	栓皮栎	*Quercus variabilis*	乔木
	杨梅	*Myrica rubra*	灌木
樱花区	樱花	*Prunus yedoensis*	乔木
	冬樱花	*P. cerasoides*	乔木

分区	名称	拉丁学名	树性
樱花区	日本早樱	*P. serrulata*	乔木
	日本晚樱	*P. serrolata* var. *lannesiana*	乔木
	垂丝海棠	*Malus halliana*	乔木
	西府海棠	*Malus micromalus*	乔木
	贴梗海棠	*Chaenomeles speciosa*	乔木
	紫叶李	*Prunus cerascifera*	乔木
	榆叶梅	*Prunus triloba*	乔木
	梅花	*Prunus mume*	乔木
	月季	*Rosa chinensis*	灌木
	蜡梅	*Chimonanthus praecox*	灌木
滨海景观区	水杉	*Metasequoia glyptostroboides*	乔木
	落羽杉	*Taxodium distichum*	乔木
	垂柳	*Salix babylonica*	乔木
	香樟	*Cinnamomum comphora*	乔木
	滇丁香	*Lnculia intermedia*	灌木
	木芙蓉	*Hibiscus indicus*	灌木
	秋葵	*Abelmoschus esculentas*	灌木
	叶子花	*Bougainvillea glabra*	灌木
	云南黄馨（南迎春）	*Jasminum mensyi*	灌木
	鸢尾	*Iris tectorum*	水生花卉

2）中部山脊部分

景观区集中，上层乔木常绿与落叶搭配，重视林中敞地规划，适当点缀景观点（见表10-13）。

表10-13　　　　　　　　　　　中部山体区植物名录表

分区	名称	拉丁学名	树性
杜鹃园	马缨花	*Rhododendron delarayi* Fr.	乔木
	粉红爆仪花	*R. spinuliferum*	灌木
	西洋杜鹃	*Rhododendron hybridum*	灌木
	黄花杜鹃	*Rhododendron lutescens*	灌木
	大白花杜鹃	*R. decorum*	灌木
	杂色杜鹃	*R. eclecteum*	灌木
	柔毛碎米花杜鹃	*R. mollicomum*	灌木

分区	名称	拉丁学名	树性
杜鹃园	云南杜鹃	*R. yunnanense*	灌木
	大树杜鹃	*R.giganteum*	乔木
	杯萼杜鹃	*R. pocophorum*	灌木
	似血杜鹃	*R. haematodes*	灌木
	腋花杜鹃	*R. racemosum*	灌木
	柔毛杜鹃		灌木
	茶花叶杜鹃		灌木
	红棕杜鹃	*R. rubiginosum*	灌木
	平卧杜鹃	*R. pronum*	地被层
	矮生杜鹃	*R. proteoides*	地被层
	匍匐杜鹃	*R. erastum*	地被层
山茶园	山茶	*Camellia japonica*	乔木
	油茶	*C.oleifera*	灌木
	华东山茶	*C. chelaoangensis*	乔木
	云南山茶(红山茶)	*C. reticulata*	乔木
	茶梅	*C. sasanqua*	半灌木
	紫玉兰	*Magnolia liliflora*	乔木
	白玉兰	*Magnolia denudate*	乔木
	广玉兰	*Magnolia grandiflora*	乔木
	山玉兰	*Magnolia delavayi*	乔木
梅岭	梅花	*Prunus mume*	乔木
	玉碟梅	*P. mume* cv.	乔木
	朱砂梅	*P. mume* cv.	乔木
	绿萼梅	*P. mume* cv.	乔木
	宫粉梅	*P. mume* cv.	乔木
	蜡梅	*Chimonanthus praecox*	半灌木

分区	名称	拉丁学名	树性
竹园	慈竹	*Sinocalamus affinis*	乔木
	凤尾竹	*Bambasa multiplex var. nana*	乔木
	棉竹	*B. intermedia*	乔木
	琴丝竹	*B. multiplex*	乔木
	箭竹	*Fargesia yunnanensis*	乔木
	黄金间碧玉	*Bambasa vulgaris cv.vitata*	乔木
	方竹	*Chimonobambusa quadrengularis*	乔木
	金竹	*Phyllostachys sulpharea*	灌木
	苦竹	*Pleioblastus amarus*	乔木
	紫竹	*Phyllostachys nigra*	灌木
	实心竹	*Sina rundinaria nitida*	乔木
其他配景树种	滇朴	*Celtis yunnanensis*	乔木
	香樟	*Cinnamomun comphora*	乔木
	含笑	*Michelia figo*	灌木
	鹅掌楸	*Liriodendnm chinensis*	乔木
	桂花	*Osmunthus fragrans*	乔木
	红木樨木	*Loropetalum Chinese var.rubrum*	灌木
	侧柏	*Platycladus orientalis*	灌木
	刺柏	*Juniperus formosana*	灌木
	香叶树	*Lindera comcunis*	灌木
	鹅掌柴	*Schiffera arboricola*	灌木
	雀舌黄杨	*Buxus bodinieri*	灌木
	垂柳	*Salix babylonica*	乔木
	木芙蓉	*Hibiscus indicus*	灌木
	女贞	*Ligustrum lucidum*	灌木

3）由西向东部分

依次为松林坡——滨水湿地——杜鹃园——山茶园——中心花园——竹园——水生湿地——宿根花卉＋常绿阔叶林——小型动物园＋常绿＋落叶林——常绿林的观景序列。

4）南部片区部分植物大量营建更换区

由东至西依次为常绿林区——秋叶林区——常绿间插——秋叶林区——常绿间插——松林坡——花灌木区的观景序列，规划建设成为秋叶景观带（见表10-14）。

表10-14　　　　　　　　　　　　　　南部山体区植物名录表

分区	名称	拉丁学名	树性
秋景植物区	枫香	*Liquidambar formosana*	乔木
	黄栌	*Cotinus coggygria*	乔木
	三角枫	*Acer buergerianum*	乔木
	朴树	*Celtis tetrandra* 滇朴：C. yunnanensis	乔木
	黄连木	*Pistacia chinensis*	乔木
	檫木	*Sassafras tzumu*	乔木
	鹅掌楸	*Liriodendron chinensis*	乔木
	麻栎	*Quercus acutissima*	乔木
	栓皮栎	*Quercus variablis*	乔木
	楸树	*Catalpa bunger Catalpa ovota* 梓树	乔木
	滇杨	*Populus yunnanensis*	乔木
	悬铃木	*Plantanus orientalis*	乔木
	落羽杉	*Taxodium* 池杉：*Taxodium as cendens*	乔木
	水杉	*Metasequoia glyptostroboides*	乔木
	紫玉兰	*Magnolia liliflora*	乔木
	紫叶李	*Prunus cerasifera*	乔木
	君迁子	*Diospyros kaki*	乔木
	银杏	*Ginkgo biloba*	乔木
	栾树	*Koelreuberia paniculata*	乔木
常绿林区	樟树	*Cinnamomum comphora*	乔木
	滇润楠	*Machilus yunnanensis*	乔木
	石楠	*Photincia serrulata*	乔木
	广玉兰	*Magnolia grandiflora*	乔木
	木莲	*Manglietia fordiana*	乔木
	毛果含笑	*Michelia sphaerantha*	乔木
	云南含笑	*Michelia yunnanensis*	灌木
	云南樟	*Cinnamomum grandifera*	乔木

分区	名称	拉丁学名	树性
常绿林区	高山栲	*Castanopsis delavayi*	乔木
	滇青冈	*Cyclobaalanopsis glancoides*	乔木
	大叶女贞	*Ligustrum lucidum*	乔木
	桂花	*Osmanthus frangrans*	乔木
	龙柏	*Sabina chinensis* cv.	灌木
	海桐	*Pittosporum tobira*	灌木
	冬青	*Ilex chinensis*	灌木
岩石园区	紫叶小檗	*Berberis thunbergii* var. Atropurpurea	灌木
	铺地柏	*Sabina procumbens*	地被
	凌霄	*Campsis grandiflom*	藤本
	络石	*Trachelospermum jasminoides*	藤本
	蔓长春花	*Vinca mejor*	藤本
	爬山虎	*Parthenocissus tricuspidata*	藤本
	常春藤	*Hedera nepalensis*	藤本
	矮杨梅	*Myrica nana*	灌木
	匍匐栒子	*Cotoneaster adpressus*	灌木
	火棘	*Pyracantha angustifolia*	灌木
	南天竹	*Nandina domestica*	灌木

（3）植物与建筑道路小品的配置

①植物与建筑配置：人工建筑与自然植物相搭配，以植物为主，以建筑点缀，共同构成园林空间。

②园路的植物配置：主道路在公园内呈环状布置，组织交通引导游人。园内道路为自然式曲线，道路两旁采用自然式种植。沿路的植物景观在视觉上有开有合，有高有低，有疏有密。在景观道路两侧有乔木、树丛、灌木丛、花丛、草地和孤植树的不同搭配。建筑小品旁的园路引导人们以动态的方式来欣赏建筑物。在地势起伏的地段园路随着地形高低变化的方式来欣赏建筑物，使游人的观察点不断变化，也使园路两侧景观不断变化。道路经过的地方如果有一片水面，道路将引导人们时而走近水面，时而远离，或被路旁树丛遮挡视线。在近水面方向，道路略向下倾斜，再植上草坪，诱导游人走近水边去欣赏对岸景观。

次路与小路的植物造景：道路穿过地势低矮的地段时在道路两侧配置枝干伸展、冠幅较大的树木，营造幽静之感，阳光透过树叶的缝隙洒到地面上，让小路充满生气；在道路通过地势平坦视野开阔处时，在道路两旁种植较稀疏的大乔木，中下层配植低矮灌木，不阻挡人们的视线；道路在沿山体走势布置时，在靠山体一侧种植冠幅较大的乔木起到遮阴作用，另一侧种植低矮花灌木，游人在行走时既能观赏山间植物景观，又可远眺城市及洱海风光。

③小品与植物配置：强调用树木围合的空间作为小品的背景，以树木色彩衬托出小品形象。

（4）滨海大道植物景观详细规划

1）滨海大道植物现状（见表10-15）

滨海大道原植物较为单一，主要展现的是湖光山色之美。滨海大道是滨水湿地区域，重要的是建立保护的概念。由于主干道的建设、截污干渠的建设等，很大程度上破坏了原有的植被，同时这些硬质景观的增加也挤占了植物的生存空间。

大道沿山部分，植被茂密，长势较好，已成为很好的绿色屏障；但局部也存在欠缺，如西部入口处，有土层裸露；中部大台阶两侧段，植物景观效果不好。东部山体同样裸露很多。

海中水生植被多，但有造景美观形状的并不多见，湖面平静，湖岸单调。

表10-15　　　　　　　　　　　　　　现状滨海景观植物名录

序号	名称	拉丁学名	景观特点	备注
1	柳树	*Cryptomeria fortunes*	水中生长、良好	滨海主体树
2	水杉	*Metasequoia glyptostroboides*	湿生、良好	
3	池杉	*Taxodium ascendens*	湿生、良好	
4	冬樱花	*Prunus cerasoides*	旱生、冬春开花	
5	香樟	*Cinnamomum comphra*	常绿、适应性强	
6	大叶黄杨	*Euonymus japonicus*	绿篱	
7	夹竹桃	*Neruim indicum*	绿篱	
8	南洋杉	*Araucaria cunninghamii*	树形美观	
9	滇杨	*Populus yunnanensis*	秋季变色、速生	
10	竹	*Bambusoideae spp.*	良好	
11	云南松	*Pinus yunnanensis*	常绿	
12	华山松	*Pinus ormandi*	常绿	
13	藏柏	*Cupresus torulosa*	常绿	
14	金合欢	*Acacia farnesiana*	速生、景观差	
15	桉树	*Eucalyptus spp.*	速生、景观差	

2）滨海植物规划原则

拟把滨海大道规划成一个生态湿地带，以维护生态平衡，营造优美舒适的人居环境，推动城市可持续发展。把"恢复湿地、保护湿地、利用湿地"的意识与大理当地的自然风情、人文特色有机结合，创造出人与自然和谐共生的生态湿地景观。

在简洁的道路线性景观中，提供一处游人能亲近自然、亲近水体、观赏山水风光的自在空间，既满足游人亲近湿地的心理和多层次的游览需要，又能够较好地协调保护与开发的关系。

创造现代大方、造型新颖、有时代气息的群体景观空间。同时充分考虑防风、防尘、防洪、防沙的滨海特点，强调现代但不破坏生态。依据整体滨海地段特点，进行不同的分区，在不同区域进行不同的植物景观营造。规划力求管理方便，在水位线的变化中植物依然能自由生长。植物规划与新建筑形式上和谐，并能通过植物来丰富滨海建筑之美。

3）具体设计

①樱花大道，以樱花为行道树。

樱花属于蔷薇科落叶乔木。叶卵形或卵状披针形，边缘有锯齿或重锯齿，叶柄有2—4腺体。春季开花，花白或红色，3～5朵成伞状花序，萼筒呈钟形，果实黑色。产于我国和日本，栽培供观赏，园艺品种颇多。

海棠属于蔷薇科落叶乔木。叶椭圆状长椭圆形，有紧贴的锯齿，春季开花，初开放时深红色，开后淡红色。果近球形，直径约2厘米，产于我国，久有栽培，供观赏。垂丝海棠，花淡红色，常半重瓣，花梗细长，下垂。栽培甚广，供观赏。

规划区域：沿滨海人道南侧山体部分展开布置。

在公园内从主入口处至情人湖沿海一带，种植樱花（云南樱花、冬樱花、日本樱花、绿樱等品种）、垂丝海棠等，以观赏春景。

②水中森林：沿海岸滩地种植水杉、池杉、柳树等耐水湿植物，营造优美的轮廓线景观，与苍山的形象远远呼应。

规划区域：西大门至游泳馆面海一侧展开布置，海心亭段，水杉、池杉种植较多，而入口处、情人湖东段，柳树较多。

4）滨海植物选择（见表10-16）

表10-16　　　　　　　　　　滨海植物规划名录

序号	名称	拉丁学名	科	属
1	翠柏	*Calocedrus macrolepis* Kurz	柏科	翠柏属
2	柏木	*Cupressus funebris* Endl.	柏科	柏木属
3	云南松	*Pinus yunnanensis* Franch.	松科	松属
4	日本五针松	*Pinus parviflora* Sieb. et Zucc.	松科	松属
5	白皮松	*P. bungeana* Zuco. ex Endl.	松科	松属
6	金钱松	*Pseudolaxix kaempferi* (Lindl.) Gord.	松科	金钱松属
7	云南红豆杉	*Taxus yunnanensis* Hu et Cheng	红豆杉科	紫杉(红豆杉)属
8	柳杉	*Cryptomeria fortunei* Hooibrenk ex Otto et Dietr.	杉科	柳杉属
9	杉木	*Cunninghamia lanceolata* (Lamb.) Hook.	杉科	杉木属
10	软叶杉木	*Cunninghamia lanceolata* Hook.cv. mollifolia	杉科	杉木属
11	水杉	*Metasequoia glyptostroboides* Hu et Cheng	杉科	水杉属
12	秃杉	*Taiwania flousana* Gaussen	杉科	台湾杉属
13	池杉	*Taxodium ascendens* Brongn.	杉科	落羽杉属
14	铺地龙柏	*S. chinensis* Ant.cv. kaizuka procumbens	柏科	圆柏属
15	昆明柏	*S. gaussenii* (Cheng) Cheng et W. T.	柏科	圆柏属
16	铺地柏	*S. procumbens* (Endl.) Iwata et Kusaka .	柏科	圆柏属

序号	名称	拉丁学名	科	属
17	罗汉松	*Podocarpus macrophllus* (Thunb.) D. Don.	罗汉松科	罗汉松属
18	大理罗汉松	*Podocarpus forrestii* (Thunb.) D. Don.	罗汉松科	罗汉松属
19	竹柏	*P. nagii* (Thunb.) Zoll. et Mor.	罗汉松科	罗汉松属
20	银杏	*Ginkgo biloba* L	银杏科	银杏属
21	鹅掌楸	*Liriodendron chinense* (Hemsl.) Sarg.	木兰科	鹅掌楸属
22	山玉兰	*Magnolia delavayi* Franch.	木兰科	木兰属
23	玉兰	*M. denudata* Desr	木兰科	木兰属
24	龙女花	*M.wilsonii* L.f.taliensis Law	木兰科	木兰属
25	红花山玉兰	*M. denudata* L.var. rubra Law.	木兰科	木兰属
26	广玉兰	*M. grandiflora* L	木兰科	木兰属
27	紫玉兰	*M. liliflora* Desr.	木兰科	木兰属
28	二乔玉兰	*M.soulangeana* Soul. Bod.	木兰科	木兰属
29	厚朴	*M.officinalis* Rehd. et Wils..	木兰科	木兰属
30	凹叶木兰	*M.sargetiana* Rehd. et Wils.	木兰科	木兰属
31	白缅桂	*Michelia alba* DC.	木兰科	含笑属
32	毛果含笑	*M. sphaerantha* C.Y. Wu ex Y. W. Law	木兰科	含笑属
33	深山含笑	*M. maudiae* Dunn.	木兰科	含笑属
34	含笑	*M. figo* (Lour.) Spreng	木兰科	含笑属
35	红花木莲	*Maglietia insignis* (Wall) Bl.	木兰科	木莲属
36	木莲	*M. fordiana* Oliv.	木兰科	木莲属
37	云南拟单性木兰	*Parakmeria yunnanensis* Hu et Cheng	木兰科	拟单性木兰属
38	八角	*Illicium verum* Hook.f.	八角科	八角属
39	香樟	*Cinamonum camphora* Trew.	樟科	樟属
40	云南樟	*C.glanduliferum* (Wall.) Ness	樟科	樟属
41	天竺桂	*C. japonicum* Sieb.	樟科	樟属
42	厚皮香	*Ternstroemia gymnanthera* Sprague	山茶科	厚皮香属
43	华东山茶	*Camellia janponica* L.	山茶科	山茶属
44	云南山茶	*C. reticulata* Lindl.	山茶科	山茶属
45	茶梅	*C. sasanqua* Thunb.	山茶科	山茶属
46	枇杷	*Eriobotrya japonica* Lindl	蔷薇科	枇杷属
47	花红	*Malus asiatica* Nak..	蔷薇科	苹果属
48	西府海棠	*M. micromalus* Mak.	蔷薇科	苹果属
49	垂丝海棠	*M.halliana* Hall Crabpple.	蔷薇科	苹果属
50	日本晚樱	*Prunus lannesiana* (Carr.) Wils.	蔷薇科	梅属

续表

序号	名称	拉丁学名	科	属
51	云南冬樱花	*P. cerasoides* Koehue.	蔷薇科	梅属
52	梅	*P. mume* Sieb. et Zucc.	蔷薇科	梅属
53	桃	*P. percica* (L.) Batsch	蔷薇科	梅属
54	碧桃	*P. percica* Bat.cv. Duplex.	蔷薇科	梅属
55	紫叶桃	*P. percica* Bat.cv. Atropurpurea	蔷薇科	梅属
56	樱桃	*P.pseudocerasus* (Lindl.) G. D.	蔷薇科	梅属
57	云南紫荆	*Cercis yunnanensis* Hu et Cheng	苏木科	紫荆属
58	羊蹄甲	*Bauhinia variegata* L.	苏木科	羊蹄甲属
59	合欢	*Albizzia julibrissin* Durazz.	含羞草科	合欢属
60	山合欢	*A. kalkora* (Roxb.)Prain.	含羞草科	合欢属
61	刺槐	*Robinia pseudoacacia* L.	蝶形花科	刺槐属
62	滇杨	*Populus yunnanensis* Dode.	杨柳科	杨属
63	垂柳	*Salix babylonica* L.	杨柳科	柳属
64	龙爪柳	*S. Matsudana* Koidz. var. tortuosa Vilm.	杨柳科	柳属
65	云南大叶柳	*S.cavaleriei* Levl.	杨柳科	柳属
66	青冈	*C. glauca* (Thunb.)Oersted	壳斗科	青冈属
67	滇青冈	*C. glaucoides* Schottkv	壳斗科	青冈属
68	滇石栎	*Lithocarpusdealbatus*(Hook.et Thoms)Rehd.	壳斗科	石栎属
69	光叶石栎	*L. mairei* (Schottky)Rehd	壳斗科	石栎属
70	麻栎	*Quercus acutissima* Carr	壳斗科	栎属
71	栓皮栎	*Q. variabilis* Bl.	壳斗科	栎属
72	滇朴	*Celtis yunnanensis* Schneid.	榆科	朴属
73	榔榆	*Ulmus parvifolia* Jacq.	榆科	榆属
74	楝树	*Melia azedarach* L.	楝科	楝属
75	三角枫	*Acer buergerianum* Miq	槭树科	槭树属
76	五角枫	*A.oliverianum* Pax.	槭树科	槭树属
77	鸡爪槭	*A. palmatum* Thunb.	槭树科	槭树属
78	黄连木	*Pistacia chinensis* Bunge.	漆树科	黄连木属
79	清香木	*P.weinmannifolia* J.Poisson ex Franch.	漆树科	黄连木属
80	枫杨	*Pterocarya stenoptera* C. DC	胡桃科	枫杨属
81	头状四照花	*Cornus capitata* Wall	山茱萸科	四照花属
82	柽柳	*Tamarix chinensis* Lour.	柽柳科	柽柳属
83	云南梧桐	*Firmiaua major* Hand.−Mazz.	梧桐科	大梧属
84	枫香	*Liquidambar formosana* Hance	金缕梅科	枫香属

序号	名称	拉丁学名	科	属
85	杜仲	*Eucommia ulmoides* Oliv.	杜仲科	杜仲属
86	法桐（二球悬铃木）	*Platanus aceriflia* (Ait.) Wild	悬铃木科	悬铃木属
87	黄葛榕	*F. lacor* Buch.–Ham.	桑科	榕树属
88	小叶榕	*F. microcarpa* L. f	桑科	榕树属
89	臭椿	*Ailanthus altissima* (Mill.) Swingl.	苦木科	臭椿属
90	桂花	*Osmanthus fragrans* (Thunb.) Lour.	木犀科	木犀属
91	银桂	*O. fragrans* Lour.cv. Latifolius .	木犀科	木犀属
92	假槟榔	*Arochontophoenix alexandrae* H. Wendl. et Dr.	棕榈科	假槟榔属
93	鱼尾葵	*Caryta ochlandra* Hance	棕榈科	鱼尾葵属
94	短尾鱼尾葵	*C.ureps* L.	棕榈科	鱼尾葵属
95	散尾葵	*Chrysalidocarpus lutescens* H. Wendl.	棕榈科	散尾葵属
96	蒲葵	*Livistona chinensis* (Jacq.) R. Br.	棕榈科	蒲葵属
97	海枣	*Phoenix canariensis* Hort. et Chabaud	棕榈科	刺葵属
98	美丽针葵	*P. tenuis* Berch.	棕榈科	刺葵属
99	棕榈	*Trchycarpus fortunei* H. Wendl.	棕榈科	棕榈属
100	苏铁	*Cycas revoluta* Thunb.	苏铁科	苏铁属
101	紫叶小檗	*Berberis thunbergii* DC.	小檗科	小檗属
102	南天竹	*Nandina domestica* Thunb.	南天竹科	南天竹属
103	十大功劳	*Mahonia dolichostylis* Takeda	小檗科	十大功劳属
104	木芙蓉	*Hibiscus indicus* L. f.	锦葵科	木堇属
105	木槿	*H. syriacus* L.	锦葵科	木堇属
106	绣球花	*Hydrangea macrophylla* (Thunb.) Seringe ex DC.	绣球花科	绣球花属
107	木瓜海棠	*Chaenomeles cathayensis* (Hemsl.) Schneid.	蔷薇科	木瓜属
108	贴梗海棠	*Ch. lagenaria* (Hemsl.) Schneid.	蔷薇科	木瓜属
109	垂丝海棠	*Malus halliana* Koehne	蔷薇科	苹果属
110	紫叶李	*Prunus cerasifera* Ehrh. cv. atropurpurea	蔷薇科	梅属
111	棣棠花	*Kerria japonica* (L.) D.C.	蔷薇科	棣棠花属
112	月季	*Rosa chinensis* Jacq.	蔷薇科	蔷薇属
113	小月季	*R. chinensis* Jacq.var. ninima Voss. cv. Nana	蔷薇科	蔷薇属
114	玫瑰	*R. rugosa* Thunb.	蔷薇科	蔷薇属
115	黄槐	*Cassia surattensis* Burm. f.	苏木科	决明属
116	紫荆	*Cercis chinensis* Bge.	苏木科	紫荆属
117	龙爪槐	*Sophora japonica* L.cv. Pendula	蝶形花科	槐属
118	马醉木	*Pieris Formosa* D.Don	杜鹃花科	马醉木属

序号	名称	拉丁学名	科	属
119	马缨花	*Rohodendron delavayi* Franch.	杜鹃花科	杜鹃花属
120	西洋杜鹃	*R.hybridum* Hort.	杜鹃花科	杜鹃花属
121	夏鹃	*R. indicum* Sweet. cv.xia	杜鹃花科	杜鹃花属
122	锦绣杜鹃	*R. pulchrum* Sweet. cv.jingshu	杜鹃花科	杜鹃花属
123	毛白杜鹃	*R. mucronatum* (Bl.) G. Don cv.maobai	杜鹃花科	杜鹃花属
124	黄花杜鹃	*R. lutescens* Franch.	杜鹃花科	杜鹃花属
125	滇丁香	*Luculia intermedia* Hutch.	木犀科	丁香属
126	金钟花	*Forsythia vividissima* Lindl.	木犀科	连翘属
127	茉莉花	*J. sambac* (L.) Ait.	木犀科	素馨属
128	金边卵叶女贞	*Ligustrumovalifolium*L.cv. Aureo-marginatum	木犀科	女贞属
129	小叶女贞	*L. quihoui* Carr.	木犀科	女贞属
130	六月雪	*Serissa foetida* (L. f.) Comm.	茜草科	六月雪属
131	石榴	*Punica granatum* L.	石榴科	石榴属
132	重瓣红石榴	*P. granatum* L.cv. pleniflora	石榴科	石榴属
133	光叶叶子花	*Bougainuillea glabra* Choisy.	紫茉莉科	叶子花属
134	海桐	*Pittosporum tobira* (Thunb.) Ait.	海桐花科	海桐花属
135	木本曼陀罗	*Brougmansis arborea* (L.) Steud.	茄科	木曼陀罗属
136	丝兰	*Yucca smalliana* Fern.	龙舌兰科	丝兰属
137	棕竹	*Rhapis excelsa* (Thunb.) A. Henry	棕榈科	棕竹属
138	矮棕竹	*R.humilis* Bl.	棕榈科	棕竹属
139	蔷薇	*R. mulitiflora* Thunb.	蔷薇科	蔷薇属
140	紫藤	*Wisteria sinensis* (SIms) Sweet.	蝶形花科	紫藤属
141	葛根	*Pueraria lobata* (Willd.)Ohwi	蝶形花科	葛属
142	雏菊	*Bellis perennis* L.	菊科	雏菊属
143	金盏菊	*Calendula officinalis* L.	菊科	金盏菊
144	波丝菊	*Cosmos bipinnatus* Cav.	菊科	波丝菊属
145	美人蕉	*C. indica* L.	美人蕉科	美人蕉属
146	紫叶美人蕉	*C. warscewiezii* A. Dietr.	美人蕉科	美人蕉属
147	蜘蛛抱蛋	*Aspidistra elatior* Bl.	百合科	蜘蛛抱蛋属
148	萱草	*Hemerocallis fulva* L.	百合科	萱草属
149	玉簪	*Hosta plantaginea* (Lam.) Aschers.	百合科	玉簪属
150	文殊兰	*C. asiaticum* L.	石蒜科	文殊兰属
151	朱顶红	*Hippeastrum rutilum* (Ker.) Herb.	石蒜科	孤挺花属
152	蜘蛛兰	*Hymerocallis amancaes* Nichols.	石蒜科	蜘蛛兰属

序号	名称	拉丁学名	科	属
153	葱兰	*Zephyranthes candida* Herb.	石蒜科	玉帘属
154	韭兰	*Z. Carinata* Herb.	石蒜科	玉帘属
155	扁竹兰	*Iris confusa* Sealy	鸢尾科	鸢尾属
156	鸢尾	*I. tectorum* Maxim.	鸢尾科	鸢尾属
157	肾蕨	*Nephrolepias auriculata* (L.) Trimen	肾蕨科	肾蕨属
158	波斯顿肾蕨	*N. auriculata* Trim.cv.Bostoniesis	肾蕨科	肾蕨属
159	红花三叶草	*Trifolium pratense* L.	蝶形花科	车轴草属
160	马蹄金	*Dichondra repens* Forst.	旋花科	马蹄金属

（5）秋景区

秋色叶树木是指秋季叶色有明显变化的树木，园林植物除本身在大小、形态等方面有着变化以外，还具有明显的季相特点。因此，一方面可利用树木外形结构和色彩的丰富多变将植物作有意识的配置，另一方面每种植物本身叶色的变化极其丰富，尤其是落叶树种，其叶色常因季节的不同发生明显变化，这些变化在园林造景中起着很重要的作用。按以下标准选种优良的观秋景植物：第一，秋天叶片变得醒目、亮丽，颜色明显不同于其他观赏期，观赏价值高；第二，生长势较强，有较厚的叶幕层，最好是乡土树种；第三，须是落叶树种；第四，色叶期较长，有一定的观赏期。

规划面积：150亩。

①利用原有地形，在公园南部山体区沿主干道从西至东一带布置秋色叶树，如枫香、黄栌、三角枫、朴树、黄连木、檫木、鹅掌楸、麻栎、栓皮栎、香樟、槭树、山杨、白桦、柿树、金钱松、水杉、池杉、落羽杉、紫玉兰、君迁子、银杏、栾树等。并以常绿阔叶、针叶林为背景，衬托秋景。

②先砍伐主干道侧地势相对平坦部分的桉树及其他观赏性不高的树种，保留原有的一些三角枫等秋景树，分小部分来实施。秋景观规划将为长远规划。先种植银杏、三角枫、枫香、黄栌、鹅掌楸、栾树等品种。

（6）背景林区详细规划

大理市洱海公园南坡是开发区具有一流环境的民族广场主背景，也是机场公路、火车站的重要直视背景，是大理苍洱风景名胜区主要入口的"脸面"。该区域园林环境的好坏，建设是否有特色，直接影响游客对大理市城市建设及自然风光的评价和印象。目前该区远观叶色灰白的蓝桉密集丛生，与周围优美的环境极不协调。

洱海公园南坡向阳干燥、南坡中段和东段树种较单一，上层乔木为蓝桉纯林、中层植物为少量圣诞树和柏树，下层植物有山茶、华西小石积、小铁仔等，南破西段为凸起的破碎岩带，大部分地段无壤土层，南坡环山游廊以下部分则种植了尖塔形的柏树。

该区改造的重点是：更新砍伐区内近1000株左右的桉树，以利于林下替代树种的快速形成；兴建与南大门建筑风格相协调的园林建筑、游路配套设施。以滇杨、香樟、石楠、女贞、刺槐、黄槐等为主进行相应的园林绿化美化改造。

3.植物专类园详细规划

（1）植物专类园规划原则

植物专类园的景观规划，既突出植物的个体美，又展现同类植物的群体美，即把不同花期、不同园艺品种的植物进行合理搭配以延长观赏期，还可以运用其他植物加以衬托，从而达到四季有景可观。搭配的植物不同主题花卉的特点、文化内涵、赏花习俗等选择适当的种类，并考虑生态因素、景观因素，进行合理的乔灌草搭配、常绿和落叶植物搭配等。

①就地保护与迁地保护相结合的原则。例如在竹类专类园部分，原地就已种植了观赏竹类，在保护原有植物的基础上增加其他种类，扩充其内的种类数量。

②生态类型园与专科专属园相结合的原则。生态类型园的目的是根据物种的生态习性收集和保存生态习性相近的物种，而专科专属园是根据物种的分类系统与亲缘关系来收集物种。

③物种保存与园林景观相结合的原则。植物园既有保存物种及其遗传多样性的功能，同时还有利用保存的物种营造优美的园林，以对公众开展"人与自然"和谐相处的教育的任务，在园地规划时，对于生态专类园、专科专属园在保存物种的同时，物种的栽培与园林景观相结合。

（2）各植物专类园规划

1）梅竹园规划

竹，四季常青，姿态优美，情趣盎然，独具风韵。由于竹子生态适应性强，用途广泛，且具有较高的旅游审美和民族文化底蕴，中华民族对竹子的栽培利用和审美活动历史悠久。云南素有"世界竹类的故乡"之誉，在洱海公园内，利用其原有的竹园，再进行扩大规模，建成竹类园。

梅花是世界著名的观赏花木，尤以风韵美著称，每当冬末春初，疏花点点，清香远溢，在中国与松、竹并称为"岁寒三友"。梅是我国的特产，原产于滇西北、川西南以至藏东一带的山地。

梅按种型分为三个种系，分别为真梅系、杏梅系、樱李梅系。按枝姿又可分为五个大类。第一类叫直枝梅类，枝直上或斜生，这是梅家族中历史最悠久，成员最繁茂的一类，下分品字梅、宫粉等9型。第二类名为垂枝梅类，枝自然下垂或斜垂，有粉花垂枝等5型。第三类名为龙游梅类，枝自然扭曲如龙游，仅1类（龙海梅类）Ⅰ型（玉蝶龙游型）。第四类名杏梅，乃梅与杏（山杏）之种间杂交，宋代的范成大在《梅谱》中首次对它进行了记载，花、叶、枝居于梅杏之间，"杏梅类"不香或微香（非梅香），花托肿大，下有单瓣杏梅型。第五类是樱李梅类，乃紫叶李与宫粉梅之人工杂交种，紫叶红花，重瓣大朵，抗寒。

梅花又名"五福花"，象征快乐、幸福、长寿、顺利、和平。

①选址

梅竹园选址于公园办公区西侧到中心花园之间的一部分，此处原有部分地区栽植有竹类，保留山顶平地已有的松丛，再加上办公区旁的梅，构成松、竹、梅于一园的景区，取"岁寒三友"的寓意来规划此园。

梅竹园与山茶园区水源距离相距不远，有充足的灌溉用水（见图10-91）。

②梅竹园规划原则

梅竹园是以竹为主体植物材料营造植物景观，由于竹子独特的形态特征，宜与自然景色融为一体，形成幽雅静谧的景观。

梅竹园的规划设计要在继承中国古典园林优秀传统的基础上，努力达到民族化的园林艺术形式和现代游憩生活内容的统一，竹园遵循因地制宜的原则，宜山则山、宜水则水，以利用原地形为主进行适当的改造。总体布局运用形式美规则处理景区，园林景点和风景透视线的布局结构和相互关系，使景区之间相互联系，同时又各具特色。

结合原地形依据山体走势，布置植物景观，根据竹类的形态特点文化寓意将其与山石、水体、道路结合布置。

③梅竹类植物景观配置

适地适竹，充分考虑竹子的生态习性，经过艺术布局，合理运用观赏竹的形式要素，充分考虑与山石、水体、建筑和其他植物的和谐统一。

竹林景观，在路之间较大的空间内选用高大的竹种成丛、成片地种植形成一定的面积，营造幽深之感。以散生竹为主营造竹林效果最佳，以大小不等的竹丛疏密有致地配置。置身于竹林中既有安闲的幽静空间，也有大小不等的游戏空间。再将色彩不同的竹种配置在一起形成色彩过渡与对比。

竹与亭堂楼等建筑的配植：竹园附近的建筑风格为江南建筑风格。青瓦白墙的中国古典建筑与翠绿的修竹搭配，不仅色彩和谐，而且陪衬出建筑的秀丽。以建筑的白墙为背景，其前栽植数株翠竹，形成一幅幅素雅的中国山水画。在廊的两旁不规则地配置几株竹子，游人走在曲折的廊道中视线时而受阻，时而畅通。竹与竹之间形成障景或框景，将远处景物一幅幅显现在游人面前。

竹与山石组景：在道路旁或道路转弯处，用山石与竹组景，观赏竹子的单体美，以形成一处小景。

竹与水：水边植竹不仅可以表现"水可净身，竹可净心"的意境，而且水中形成独特的倒影景观，水边自然石驳岸再植几株竹子，疏密有致，体现自然情趣。

竹径：用高大枝叶茂密的竹种于小路两旁，疏密有致，游人通过竹径时，以竹丛的疏密搭配营造开敞空间，也形成光影的不同变化。

竹与其他植物配置：在竹园中配置一些其他树木，增加色彩变化以及季相变化，竹园中原有的几株桃树，在路旁局部种植几株树形优美的枫香。在秋季时，形成"万绿丛中一点红"的景观，吸引游人驻足观赏。

④竹类植物选择

规划面积：50亩。

在公园中部区域原竹园处种植不同叶形、不同秆形、不同色彩及节间变化的竹类，如：竿梢弯曲的慈竹、凤尾竹、棉竹，叶形较大的如大叶慈、箬叶竹，叶形小的如箭竹，具节间变化的如方竹、人面竹、佛肚竹，色彩各一的如紫竹、琴丝竹、黄金间碧玉等，还有菲白竹、凤凰竹等可作为地被或灌丛点缀。充分发挥云南竹类故乡的优势，体现民族文化。

2）山茶专类园规划

①茶花专类园选址

茶花专类园原址是以古建筑围合的院落空间，结合水池、山石已进行了微地形处理，依托现有地形，建筑、小品再配置山茶将使院落更显中国古典园林灵秀之美。

山茶为名贵花木，茶花园为洱海公园游览的核心区域，也是游人较为集中的地区，且距离办公室较近，便于管理。

山茶花喜肥沃土壤，中部园区原已植有山茶，土壤已进行了一定程度的改良，有一定肥力，只要在原有基础上再稍加改良就可以达到山茶生长所需的条件。此处有建筑被大树包围，风小成为一个利于山茶生长的小环境。同时补种高大乔木遮去过强的阳光。

茶花园旁为茶室，水源充足，取水浇灌较为方便。

原有景观已处理较好，以海天一览楼及水榭为中心的古典园林布局再加上人工的假山石的堆砌，为营造山茶植物景观提供了较好的空间。以茶与园林建筑相搭配，营造一种人文气氛，感受山茶之美，品读大理茶花之韵味。

②山茶园规划原则

茶花园原已有古典建筑，在此基础上将其原有的较为零散的建筑以廊、桥、亭、轩连接起来形成一个整体。使其更具有古典园林的风韵，结合建筑水体、山石、墙体、照壁配置山茶花。以古建筑素雅的色调为背景，点缀色彩鲜艳的山茶花。保留山茶园中假山石台以及水池。取消其中原有规则式的不和谐的花坛，以假山石围合自然式种植池。总体布局以中国古典园林为风格，以建筑之精美，植物景观之自然风韵来吸引游客。

③景点设置及植物景观配置

海天一览楼与倚玉轩。构筑公园南北轴线的中心，使自然式布局的院落中也有规则式的元素，海天一览楼与倚玉轩的轴线之间，由自然式种植池来打破轴线的僵硬。

由自然式种植池将原有水池划分，组织曲折小路。此处结合两侧的假山石台，与其相统一，以山石砌筑种植池边沿。大小不同的石山高低落布局，在山石隙种植沿阶草、长春蔓。种植池内三五成丛点缀高大乔木，山玉兰、白玉兰作为上层大乔木，在大乔木间丛植各种山茶。

白族照壁。茶花园西侧与茶室相交接的白族照壁前有三层假山石台地，在保留其原有造型基础上扩大面积，修饰其外形。在第一二层山石台中点缀白玉兰，其下层片植山茶，一二层植物种植较密体现山茶的群体美。第三层以照壁的白墙青瓦为背景散植几株姿态优美的山茶，以青瓦白墙的古朴色调衬出山茶艳丽的花色。

④植物选择及规划范围

规划区面积：100亩。

在中轴线即原中心花园近邻西侧布置山茶园，引种定植茶花母本：1500～2000株，母本园品种（玛瑙、紫袍、松子壳、牡丹茶、恨天高、童子面、松子鳞、狮子头、宝珠、大桂叶、小桂叶等），初期不低于40个，远期达100个以上品种；其中引种大规格茶花50株作为母本树和主景区观赏树。并适当加以木兰科植物，而不使景观单调（见表10-17）。

表10-17 山茶园选择植物名录表

序号	名称	商品名	拉丁学名
1	云南山茶	粉玉兰	*Camellia reticulata* 'Pink Magnolia'
2	云南山茶	磬口	*Camellia reticulata* 'Crimson Tulip'
3	云南山茶	红碗茶	*Camellia reticulata* Camellia reticulata Lindl.
4	云南山茶	小玉兰	*Camellia reticulata* 'Small Magnolia'
5	云南山茶	金蕊芙蓉	*Camellia reticulata* 'Golden Stamen Hibiscus'
6	云南山茶	卵叶银红	*Camellia reticulata* 'Ovate Leaf Spinel Pink'
7	云南山茶	连蕊	*Camellia reticulata* 'Double Bowl'
8	云南山茶	赛菊瓣	*Camellia reticulata* 'Super Chrysanthemum Petal'
9	云南山茶	丁香红	*Camellia reticulata* 'Lilac Red'
10	云南山茶	醉娇红	*Camellia reticulata* 'Charming Red'
11	云南山茶	麻叶银红	*Camellia reticulata* 'Reticulate Leaf Spinel Pink'
12	云南山茶	麻叶桃红	*Camellia reticulata* 'Reticulate Leaf Crimson'
13	云南山茶	宝玉红	*Camellia reticulata* 'Red Jewel'
14	云南山茶	柳叶银红	*Camellia reticulata* 'Willow Leaf Spinel Pink'
15	云南山茶	平瓣大理茶	*Camellia reticulata* 'Flat Tali Camellia'
16	云南山茶	迎春红	*Camellia reticulata* 'Welcome Spring'
17	云南山茶	昆明春	*Camellia reticulata* 'Kunming Spring'
18	云南山茶	大桂叶	*Camellia reticulata* 'Large Osmantnus Leaf'
19	云南山茶	尖叶桃红	*Camellia reticulata* 'Point Leaf Crimson'
20	云南山茶	梅红桂叶	*Camellia reticulata* 'Rosy Osmanthus Leaf'
21	云南山茶	大红袍	*Camellia reticulata* 'Crimson Robe'
22	云南山茶	宝石花	*Camellia reticulata* 'Jewel Flower'
23	云南山茶	大银红	*Camellia reticulata* 'Large Spinel Pink'
24	云南山茶	亮叶银红	*Camellia reticulata* 'Glossy Pink'
25	云南山茶	小桂叶	*Camellia reticulata* 'Small Osmanthus Leaf'
26	云南山茶	桂叶洋红	*Camellia reticulata* 'Osmanthus Leaf Carmine'
27	云南山茶	粉蝴蝶	*Camellia reticulata* 'Pink Butterfly'
28	云南山茶	银红蝶翅	*Camellia reticulata* 'Spinel Pink Butterfly Wing'
29	云南山茶	大理蝶翅	*Camellia reticulata* 'Tali Butterfly Wing'
30	云南山茶	早桃红	*Camellia reticulata* 'Early Crimson'
31	云南山茶	厚叶蝶翅	*Camellia reticulata* 'Thick Leaf Butterfly Wing'
32	云南山茶	独心蝶翅	*Camellia reticulata* 'Single Lteart Butterfly Wing'
33	云南山茶	赛桃红	*Camellia reticulata* 'Super Crimson'
34	云南山茶	大桃红	*Camellia reticulata* 'Large Crimson'

序号	名称	商品名	拉丁学名
35	云南山茶	粉红蝶翅	*Camellia reticulata* 'Light Pink Butterfly Wing'
36	云南山茶	张家茶	*Camellia reticulata* 'Chang's Camellia'
37	云南山茶	淡大红	*Camellia reticulata* 'Pale Spinel Pink'
38	云南山茶	菊瓣（通草片）	*Camellia reticulata* 'Chrysanthemum Petal'
39	云南山茶	紫袍	*Camellia reticulata* 'Purple Gown'
40	云南山茶	凤山茶	*Camellia reticulata* 'Fengshan Camellia'
41	云南山茶	童子面	*Camellia reticulata* 'Baby Face'
42	云南山茶	松子鳞	*Camellia reticulata* 'Pine Cone Scale'
43	云南山茶	松子壳	*Camellia reticulata* 'Pine Shell'
44	云南山茶	鹤顶红	*Camellia reticulata* 'Stork Crest Red'
45	云南山茶	恨天高	*Camellia reticulata* 'Dwarf Rose'
46	云南山茶	六角恨天高	*Camellia reticulata* 'Hexangular Dwarf Rose'
47	云南山茶	一品红	*Camellia reticulata* 'First Class Crimson'
48	云南山茶	锦袍红	*Camellia reticulata* 'Crimson Gown'
49	云南山茶	牡丹茶	*Camellia reticulata* 'Paeony Camellia'
50	云南山茶	银粉牡丹	*Camellia reticulata* 'Pink Paeony'
51	云南山茶	小叶牡丹	*Camellia reticulata* 'Small Leaf Paeony'
52	云南山茶	早牡丹	*Camellia reticulata* 'Early Paeony'
53	云南山茶	赛牡丹	*Camellia reticulata* 'Super Paeony'
54	云南山茶	宝珠茶	*Camellia reticulata* 'Red Jewellery'
55	云南山茶	狮子头（九心十八瓣）	*Camellia reticulata* 'Lion's Head'
56	云南山茶	大玛瑙	*Camellia reticulata* 'Large Cornelian'
57	云南山茶	朱砂紫袍	*Camellia reticulata* 'Vermilion Purple Gown'
58	云南山茶	大理茶	*Camellia reticulata* Lindl. cv. 'Tali Camellia'
59	云南山茶	靖安茶	*Camellia reticulata* 'Tsingan Camellia'
60	云南山茶	九心紫袍	*Camellia reticulata* 'Nine Heart Purple Gown'
61	云南山茶	桃红袍	*Camellia reticulata* 'Pink Gown'
62	云南山茶	晚春红	*Camellia reticulata* 'Late Spring Reol'
63	云南山茶	小银红	*Camellia reticulata* 'Small Pink'
64	云南山茶	玛瑙紫袍	*Camellia reticulata* 'Cornelian Purple Gown'
65	云南山茶	红霞	*Camellia reticulata* 'Red Clouds'
66	云南山茶	海云红	*Camellia reticulata*

序号	名称	商品名	拉丁学名
67	云南山茶	翠叶云红	*Camellia reticulata*
68	云南山茶	赛芙蓉	*Camellia reticulata* 'Superior Hibiscus'
69	云南山茶	粉通草	*Camellia reticulata* 'Pink Chrysenthemum Petal'
70	云南山茶	玉带红	*Camellia reticulata* 'Jade Striped Red'
71	云南山茶	丁香红	*Camellia reticulata* 'Lilae Red'
72	云南山茶	粉娥娇	*Camellia reticulata* 'Pink Pretty'
73	云南山茶	邵甸茶	*Camellia reticulata* 'Shaodian Camellia'
74	云南山茶	雪娇	*Camellia reticulata* 'Snow Elegans'
75	云南山茶	牡丹魁	*Camellia reticulata* 'King Peony'
76	云南山茶	美人红椿叶	*Camellia reticulata* 'Beauty Red'
77	云南山茶	鹿城春	*Camellia reticulata* 'Lucheng Spring'
78	云南山茶	紫溪	*Camellia reticulata* 'Zixi'
79	云南山茶	楚雄茶	*Camellia reticulata* 'Chuxiong Camellia'
80	华东山茶	东林茶	*Camellia reticulata* Lindl. cv. 'Donglin'
81	华东山茶	泽河	*Camellia reticulata* 'Zehe'
82	华东山茶	楚雄大理茶	*Camellia reticulata* 'Chuxiong Tali Camellia'
83	华东山茶	小玛瑙	*Camellia japnonica* 'Small Carnelian'
84	华东山茶	大杨妃	*Camellia japnonica* 'Large Yangfei'
85	华东山茶	锦楼春	*Camellia japnonica* 'Splendid Spring'
86	华东山茶	醉杨妃	*Camellia japnonica* 'Stoned Yangfei'
87	华东山茶	松子	*Camellia japnonica* 'Pine Scale'
88	华东山茶	玫瑰紫	*Camellia japnonica* 'Rose Purple'
89	华东山茶	花碧桃	*Camellia japnonica* 'Flower Peach'
90	华东山茶	洒金茶	*Camellia japnonica* 'Golden Pot'
91	华东山茶	金盘托荔枝	*Camellia japnonica* 'Red Gore'
92	华东山茶	抓破脸	*Camellia japnonica* 'Zhuapolian'
93	华东山茶	白秧茶	*Camellia japnonica* 'Baiyangcha'
94	华东山茶	红嫦娥彩	*Camellia japnonica* 'Hongchang' ecai'
95	华东山茶	澳洲黄	*Camellia japnonica* 'Brashfield' s Yellow'
96	华东山茶	南希鸟	*Camellia japnonica* 'Nancy Bird'
97	华东山茶	沙丽	*Camellia japnonica* 'Sally Fisher'
98	华东山茶	飞利浦	*Camellia japnonica* 'Philipapaifo'
99	华东山茶	初岚	*Camellia japnonica* 'Haji Arashi'
100	华东山茶	曙	*Camellia japnonica* 'Akebono'
101	华东山茶	黑椿	*Camellia japnonica* 'Kuro-Tsubaki'

序号	名称	商品名	拉丁学名
102	华东山茶	大城冠	*Camellia japnonica* 'Daijokan'
103	华东山茶	纤雅致	*Camellia japnonica* 'Elegans Splenor'
104	华东山茶	窗之月	*Camellia japnonica* 'Mado-no-Tsuki'
105	华东山茶	乙女椿	*Camellia japnonica* 'Otome-Tsubaki'
106	华东山茶	光源氏	*Camellia japnonica* 'Hikarugenji'
107	华东山茶	奥菲利亚	*Camellia japnonica* 'Ophelia Dent'
108	华东山茶	花之里	*Camellia japnonica* 'Hana-no-Sato'
109	华东山茶	白金鱼叶椿	*Camellia japnonica* 'Shiro-Kingyo-Tsubaki'
110	华东山茶	有乐椿(美人茶)	*Camellia japnonica* 'Yuraku-Tsubaki'
111	华东山茶	昆仑黑	*Camellia japnonica* 'Konronkuro'
112	华东山茶	银花斑	*Camellia japnonica* 'Silver Ruffles'
113	华东山茶	春日山	*Camellia japnonica* 'Kasugayama'
114	杂交品种	爱丽丝	*C. japnonica* X *C.lutchuensis* 'Alice K. Cutter'
115	杂交品种	西娜曼	*Camellia Camellia* rusticana X *C.lutchuensis* cv. 'Cinnaman Cindy'
116	杂交品种	香粉红	*Camellia japnonica* X *C.lutchuensis* 'Fragrant Pink'
117	茶梅	小玫瑰（狮子头、寒椿）	*Camellia sasanqua* 'Kan-tsubaki'
118	茶梅	秋芍药	*Camellia sasanqua* 'Autumn Peony'
119	茶梅	粉玫瑰	*Camellia sasanqua* 'Pin Rose'
120	茶梅	东牡丹	*Camellia sasanqua* 'East Peony'
121	茶梅	笑颜	*Camellia sasanqua* 'Egao'
122	八花杨桐		*Adinandra japonica* var. *wamchiana*
123	贵州莲蕊茶		*Camellia costei*
124	云南莲蕊茶		*Camellia forrestii*
125	油茶		*Camellia oleifera*
126	西南山茶		*Camellia pitadii*
127	云南山茶		*Camellia reeiculaea*
128	红花瘤果茶		*Camellia rubituberculata*
129	怒江山茶		Camellia saluenensis Stapf ex Bean
130	茶梅		*Camellia sasanqua* Thunb.
131	茶		*Camellia sinenesis* (L.)O.Kuntze
132	川滇莲蕊茶		*Camellia synaptica* Sealy
133	云南核果茶		*Pyrenaria sophiae*

3）杜鹃园规划

杜鹃园是集中展示杜鹃群体美的专类园区。杜鹃花又名映山红、山石榴，为杜鹃花科杜鹃属的半常绿灌木。人称"木本花卉之王"，云南八大名花之一。杜鹃花叶色浓绿，花色繁多，此外还有"芳花杜鹃"，能发出像茉莉、桂花、栀子那样的幽香。在唐宋时期就有不少诗人盛赞其花繁色艳，如白居易诗曰："闲折二枝持在手，细看不似人间有，花中此物是西施，芙蓉芍药皆莫如"。

据国家科研部门统计，全球共有杜鹃花960种，其中524种在我国，而云南省就有360个种和变种，是我国杜鹃花的发祥地和最大的分布中心，而大理杜鹃花就占全省的2/3，约150个品种。大理白族自治州内苍山老君山、石钟山等诸多山系都盛产杜鹃花，而品色之盛要首推苍山，苍山杜鹃花约占云南杜鹃花总数的15%，为充分利用这一优势，特在洱海公园内就地势设杜鹃园。

杜鹃园原址已有大量松树，可作为杜鹃花园的上层乔木，为了延长杜鹃园的观赏时间，在杜鹃花之间补种槭树作为中层植被，形成槭树杜鹃园。槭树喜阳，而杜鹃较耐阴，又喜较高的空气湿度。总体上以云南松为上层乔木，中间点缀槭树类，中下层配植杜鹃，既符合不同树种生态习性的要求，又在空间构图上形成高低错落、富于变化的植物景观。四季景观上杜鹃春夏开花，槭树类秋季红叶。春夏两季翠绿的大乔木下片片花海，秋季时绿树丛中透出片片红叶。

①杜鹃园选址

地貌特点。杜鹃生长环境要求地形多变化的谷地，坡地和林间。西片区地形多起伏并围合成几处小型谷地，小气候环境适合杜鹃生长。西坡多为背阴面，阳光照射不强适合杜鹃生长。土壤偏酸，正是杜鹃生长所需的土壤pH值。

原有植被构成。西坡地区原有大量的松林、桉树，在逐步取代桉树的过程中进一步促进松林的生长。在原有土壤的基础上进行一定的改良，增加土壤肥力。以松树，槭树类为上中层乔木与下层的杜鹃共同生长。

水源状况。西坡区原有三个蓄水池和一大型山冲沟，从水源状况看对将来杜鹃园的灌溉提供了有利条件，也为杜鹃的生长打下良好的基础。山脊冲沟里阴凉而且空气湿度较大，适宜杜鹃生长。

背景林的屏障作用。大理市主导风向为西南风，西坡本当为迎风面，在城市背景林营造形成之后将在适宜的小气候下为杜鹃创造良好的生长空间，上层乔木遮挡强烈的西南风，保证下层空气湿润。

景观视线。西坡原本干燥，树种单一，景观单调，但景观视线较好，以苍山雪、玉带云作为背景，远观田园、古城、洱海。杜鹃园以鲜艳的色彩，给白雪覆盖的苍山增添喜人春意。总体上由于西坡植被景观相对单调，杜鹃片种植将会提高西坡的景观质量，丰富整个公园景象，增加新的观景内容。

②景点设置及特色植物景观

珠海阁：珠海阁为大理四大名阁之一，在清代就已被破坏，原址就在洱海公园西坡，在珠海阁原址基础上重建，将其放置于杜鹃花海中。珠海阁建成后将成为公园内最高的建筑物和公园主要景点。因整个公园山势起伏不大，由珠海阁来突出山势变化。

珠海阁为仿古木构架建筑，共三层。在珠海阁周围种植高大姿态优美的松柏，可以突出古建筑风韵，松树下层配植各色杜鹃花，成丛成片，使整个珠海阁被花卉簇拥着。松柏之间配置槭树、枫香，每到秋季，似火红叶将整个珠海阁装点得更加古朴。登上珠海阁俯瞰四周，是望不到尽头的杜鹃花海。

息龙池：与珠海阁相距不远，有一个S形水池——溪龙池，溪龙池原有植被较好，池畔植被数层，高低错落，色彩和谐。原有植被及驳岸保留不变，驳岸处理为英国园林中自然式土岸，在原有空地处铺设草坪，使游人更加亲近水面。在岸边大乔木下补种各色杜鹃增加景点的可观性，中层种植槭树、枫香、鸡爪槭等色叶树。在伸入水面的地方点缀少数合欢，延伸到水面上的合欢枝条以及水中倒影颇具自然之趣。

疏林草地：在缓坡外铺设草坪，在草坪上点缀高大的松树，下层由杜鹃将草坪围合成一个个大小不一的林中空地，形成一个半开敞空间，为游人提供休息和观赏花朵的场所。

杜鹃花箐：北部有　条与杜鹃花园相接的山箐，箐内阴凉，有一条较陡的山路，是爱好探险者的好去处。山沟内植被茂密，空气湿度大，在葱绿的树木之间点缀丛丛杜鹃，以及秋色叶树，为阴凉的山沟增加几处绚丽的亮点，湿润清新的空气中夹杂着缕缕花香，洗去身心的疲劳（见图10-59）。

③杜鹃专类园树种选择

规划面积：200亩。

利用公园原有地形起伏，遍植不同品种、不同色彩的杜鹃，单瓣、重瓣，红的，黄的，白的，紫的，蓝的，或白中透绿，或粉中带红，或红里透白，或红黄相间，形成山顶是花、山腰是花、山脚是花，让人处于花云、花浪、花海、花潮之中，尽享大自然的绚丽灿烂（见表10-18）。

表10-18　　　　　　　　杜鹃园长期收集及栽植杜鹃品种名录

序号	名称	拉丁学名	序号	名称	拉丁学名
1	亮叶杜鹃	*Rhododendron vernicosum*	15	啄尖杜鹃	*R. esetulosum*
2	海绵杜鹃	*R. aganniphum*	16	灌丛杜鹃	*R. dumicola*
3	假木荷	*Craibiodendron stellatum*	17	绵毛杜鹃	*R. floccigerum*
4	吊钟花	*Enkianthus quinqueflorus*	18	假乳黄杜鹃	*R. fictolacteum*
5	齿缘吊钟花	*Enkianthus serrulatus*	19	显萼杜鹃	*R. erythrocalyx*
6	越南吊钟花	*Enkianthus rubra*	20	匍匐杜鹃	*R. erastum*
7	芳香白珠	*Gaultheria fragrantissima*	21	金江杜鹃	*R. elegantulum*
8	圆基木藜芦	*Leucothoe tonkinensis*	22	繁花杜鹃	*R. floribundum*
9	腾冲米饭花	*Lyonia bracteata*	23	杂色杜鹃	*R. eclecteum*
10	华丽杜鹃	*Rhododendron eudoxum*	24	贡山杜鹃	*R. gongshanense*
11	大喇叭杜鹃	*R. excellens*	25	长萼杜鹃	*R. diphrocalyx*
12	绵毛房杜鹃	*R. facetum*	26	落毛杜鹃	*R. detonsum*
13	钝头杜鹃	*R. farinosum*	27	泡泡叶杜鹃	*R. edgeworthii*
14	密枝杜鹃	*R. fastigiatum*	28	似血杜鹃	*R. haematodes*

序号	名称	拉丁学名	序号	名称	拉丁学名
29	不凡杜鹃	R. insigne	62	亮红杜鹃	R. albertsenianum
30	易混杜鹃	R. impeditum	63	腺房杜鹃	R. adenogynum
31	粉果杜鹃	R. hylaeum	64	蝶花杜鹃	R. aberconwayi
32	凉山杜鹃	R. huianum	65	毛萼杜鹃	R. bainbridgeanum
33	灰背杜鹃	R. hppophaeoides	66	绣红杜鹃	R. complexum
34	粉背碎米花	R. hemitrichotum	67	附生杜鹃	R. dendricola
35	亮鳞杜鹃	R. heliolepis	68	大白花杜鹃	R. decorum
36	腺花杜鹃	R. glanduliferum	69	毛瓣杜鹃	R. dasypetalum
37	滇南杜鹃	R. hancockii	70	星毛杜鹃	R. kyawi
38	紫背杜鹃	R. forrestii	71	蓝果杜鹃	R. cyanocarpum
39	粗毛杜鹃	R. habrotrichum	72	楔叶杜鹃	R. crinigerum
40	广南杜鹃	R. guangnanense	73	弯柱杜鹃	R. campylogynum
41	朱红大杜鹃	R. griersonianum	74	革叶杜鹃	R. coriaceum
42	漏斗杜鹃	R. dasycladoides	75	瓣萼杜鹃	R. catacosmum
43	粘毛杜鹃	R. glischrum	76	砾石杜鹃	R. comisteum
44	皱叶杜鹃	R. denudatum	77	腺蕊杜鹃	R. codonanthum
45	大芽杜鹃	R. gemmiferum	78	麻点杜鹃	R. clementinae
46	镰果杜鹃	R. fulvum	79	橙黄杜鹃	R. citriniflorum
47	光枝杜鹃	R. haofui	80	纯黄杜鹃	R. chrysodoron
48	夺目杜鹃	R. arizelum	81	雅容杜鹃	R. charitopes
49	美被杜鹃	R. calostrotum	82	云雾杜鹃	R. chamaethomsonii
50	锈红毛杜鹃	R. bureavii	83	密叶杜鹃	R. densifolium
51	双被杜鹃	R. bivelatum	84	光蕊杜鹃	R. coryanum
52	宽钟杜鹃	R. beesianum	85	银灰杜鹃	R. sidereum
53	多叶杜鹃	R. bathyphyllum	86	多趣杜鹃	R. stewartianum
54	粗枝杜鹃	R. basilicum	87	宽叶杜鹃	R. sphaeroblastum
55	腺果杜鹃	R. davidii	88	糠秕杜鹃	R. sperabiloides
56	暗绿杜鹃	R. atrovirens	89	纯红杜鹃	R. sperabile
57	毛喉杜鹃	R. cephalanthum	90	红花杜鹃	R. spanotrichum
58	银叶杜鹃	R. argyrophyllum	91	大果杜鹃	R. sinonuttallii
59	窄叶杜鹃	R. araiophyllum	92	凸尖杜鹃	R. sinogrande
60	团花杜鹃	R. anthosphaerum	93	厚叶杜鹃	R. sinofalconeri
61	棕背杜鹃	R. alutaceum	94	紫蓝杜鹃	R. russatum

序号	名称	拉丁学名	序号	名称	拉丁学名
95	锈叶杜鹃	*R. siderophyllum*	128	德钦杜鹃	*R. nakotiltum*
96	光柱杜鹃	*R. tanastylum*	129	宝兴杜鹃	*R. moupinense*
97	瑞丽杜鹃	*R. shweliense*	130	柔毛碎米花	*R. mollicomum*
98	刚毛杜鹃	*R. setiferum*	131	异鳞杜鹃	*R. micromeres*
99	圆头杜鹃	*R. semnoides*	132	短蕊杜鹃	*R. microgynum*
100	多变杜鹃	*R. selense*	133	蒙自杜鹃	*R. mengtszense*
101	黄花泡叶杜鹃	*R. seinghkuense*	134	弯月杜鹃	*R. mekongense*
102	裂萼杜鹃	*R. schistocalyx*	135	怒江杜鹃	*R. saluenense*
103	血红杜鹃	*R. sanguineum*	136	大萼杜鹃	*R. megacalyx*
104	隐蕊杜鹃	*R. intricatum*	137	绒毛杜鹃	*R. pachytrichum*
105	杜鹃	*R. simsii*	138	蜡叶杜鹃	*R. lukiangense*
106	昭通杜鹃	*R. tsaii*	139	线萼杜鹃	*R. linearilobum*
107	鲜黄杜鹃	*R. xanthostephanum*	140	腺绒杜鹃	*R. leptopeplum*
108	圆叶杜鹃	*R. williamsianum*	141	鳞腺杜鹃	*R. lepidotum*
109	黄杯杜鹃	*R. wardii*	142	常绿糙毛杜鹃	*R. lepidostylum*
110	柳条杜鹃	*R. virgatum*	143	侧花杜鹃	*R. lateriflorum*
111	红马银花	*R. vialii*	144	石生杜鹃	*R. lapidosum*
112	泡毛杜鹃	*R. vesiculiferum*	145	云南杜鹃	*R. yunnanense*
113	硫磺杜鹃	*R. sulfureum*	146	招展杜鹃	*R. megeratum*
114	紫玉盘杜鹃	*R. uvarifolium*	147	翘首杜鹃	*R. protistum*
115	大理杜鹃	*R. taliense*	148	红毛杜鹃	*R. rufohirtum*
116	毛嘴杜鹃	*R. trichostomum*	149	红粗毛杜鹃	*R. rude*
117	柚叶杜鹃	*R. trichocladum*	150	红棕杜鹃	*R. rubiginosum*
118	川滇杜鹃	*R. traillianum*	151	卷叶杜鹃	*R. roxieanum*
119	灰被杜鹃	*R. tephropeplum*	152	宽柄杜鹃	*R. rothschildii*
120	滇藏杜鹃	*R. temenium*	153	菱形叶杜鹃	*R. rhombifolium*
121	豆叶杜鹃	*R. telmateium*	154	大王杜鹃	*R. rex L é vl.*
122	硬叶杜鹃	*R. tatsienense*	155	腋花杜鹃	*R. racemosum*
123	狭萼杜鹃	*R. tapetiforme*	156	山育杜鹃	*R. oreotrephes*
124	多色杜鹃	*R. rupicola*	157	毛脉杜鹃	*R. pubicostatum*
125	越橘杜鹃	*R. vaccinioides*	158	直枝杜鹃	*R. orthocladum*
126	黄花杜鹃	*R. lutescens*	159	矮生杜鹃	*R. proteoides*
127	峨马杜鹃	*R. ochraceum*	160	平卧杜鹃	*R. pronum*

序号	名称	拉丁学名	序号	名称	拉丁学名
161	樱草杜鹃	*R. primulaeflorum*	165	粉背杜鹃	*R. pingianum*
162	魁斗杜鹃	*R. praestans*	166	栎叶杜鹃	*R. phaeochrysum*
163	多枝杜鹃	*R. polycladum*	167	露珠杜鹃	*R. irroratum*
164	杯萼杜鹃	*R. pocophorum*	168	矮小杜鹃	*R. pumilum*

4）东片区岩石园规划

①岩石园的选址

洱海公园东片区为新开发的地区，大部分山体裸露。阳光照射充足，地形开阔，空气流通。

地形：自然式岩石园最为理想的地形为坡地，东片区大部分为坡地，适合建造岩石园。

植被：在东片区周围有较为茂密的树林可作为岩石园背景，而且有一定距离不会对岩石园产生遮阴，也避免了与岩石景观产生不协调之感。

②岩石园规划原则

规划为自然式岩石园，在原有地形基础进行微地形处理，打破原本相对平坦的地形。在地形基础上依山叠石，模仿自然堆置天然形态的山石，岩石起伏，丘壑成趣。石间点缀花草，做到花中有石，石中有花，花石相间，远眺万紫千红、花团锦簇，近观怪石峥嵘、参差连接，形成绝妙的高山植物景观。植物选择石竹科、报春花科、龙胆科、十字花科等数百种高山植物。

③岩石园植物配植

整个岩石园以低矮的花草、灌木与石山为主，局部点缀榕树作为上层植被。大小形态不一的山石叠在一起，石隙中生出一丛丛色彩艳丽的花朵，将原本干枯单调的山坡装点得色彩斑斓，生机勃勃。在山坡上人工开凿一些种植穴，填土种花，使花与山石浑然天成。

道路植物配置：道路线型设计为曲折多变的自然曲线，台阶、蹬道以石块铺设。在小路、蹬道、台阶的边缘和缝隙间点缀花卉，体现自然野趣。

浮雕墙的植物配置：岩石园设置一面浮雕墙，体现大理文化。在每段浮雕墙上部种植高大的榕树，中层栽植常绿灌木，下层为草本花卉。以绿色背景突出浮雕墙，将游人的视线集中到浮雕墙的内容上。浮雕墙的墙角点缀少量色彩淡雅的岩石花卉作为装饰，如龙胆、毛茛等（见图10-60）。

5）岩石园植物选择（见表10-19）

表10-19　　　　　　　　　　　　岩石园选择的植物名录

序号	名称	拉丁学名	序号	名称	拉丁学名
1	金边龙舌兰	*Agave americana cv.marginata*	33	蟹爪兰	*Zygocactus truncatus*
2	龙舌兰	*Agave americana*	34	蜡梅	*Chimonanthus praecox*
3	丝兰	*Yucca smalliana*	35	圆叶风铃草	*Campanula rotundifolia*
4	金边丝兰	*Yucca filamentosa*	36	珍珠柏	*Sabina chinensis*
5	石蒜	*Lycoris radiata*	37	小叶六	*Abelia parvifolia*
6	红菖蒲	*Zephyranthes grandiflora*	38	四川忍冬	*Lonicera szechuanica*
7	清香木	*Pistacia weinmannifolia*	39	荚蒾	*Viburnum dilatatum.*
8	鸡骨常山	*Alstonia yunnanensis*	40	南蛇藤	*Celastrus orbiculatus*
9	大纽子花	*Vallaris indecora*	41	吊竹梅	*Zebrina pendula*
10	金钱蒲	*Acorus gramineus*	42	毛裂蜂斗菜	*Petasites tricholobus*
11	魔芋	*Amorpgophallus ririeri*	43	绿铃	*Senecio nowleyanus*
12	象天南星	*Arisaema elephas*	44	黑法师	*Aeonium arboreum*
13	岩生南星	*Arisaema saxatile*	45	匙叶莲花掌	*Aeonium spathulatum*
14	芋	*Colocasia esculenta*	46	轮回	*Cotyledon orbiculata*
15	过山龙	*Rhaphidophora decursiva*	47	玉树	*Crassula arborescens*
16	尾花细辛	*Asarum caudigerum*	48	筒叶花月	*Crassula argentea*
17	花脸细辛	*Asarum chingchengense*	49	厚叶石莲花	*Echeveria agavoides*
18	夹叶马利筋	*Asdepias angustifolia*	50	石莲花	*Echeveria glauca*
19	全缘锥花小檗	*Berberis aggregata*	51	长寿花	*Kalanchoe blossfeldiana*
20	川滇小檗	*Berberis jamesiana*	52	不死鸟	*Kalanchoe hybrid*
21	粉叶小檗	*Berberis pruinosa*	53	指叶落地生根	*Kalanchoe tubiflora*
22	小檗	*Berberis thunkergii*	54	七景天	*Sedum aizoon*
23	紫叶小檗	*Berberis thunbergii* var. atropurpurea	55	凹叶景天	*Sedum emarginatum*
24	金花小檗	*Berberis wilsonae*	56	佛甲草	*Sedum lineare*
25	南天竹	*Nandina domestica*	57	角景天	*Sedum morganianum*
26	两头毛	*Incarvillea arguta*	58	垂盆草	*Sedum sarmentosum*
27	白花两头毛	*Incarvillea arguta*	59	景天	*Sedum* spp.
28	硬骨凌霄	*Tecomaria capensis*	60	八宝	*Sedum spectabile Boreau.*
29	板凳果	*Pachysandra axillaris*	61	香柏	*Chamaecyparis robusta*
30	卧龙	*Eriocereus bonplandii*	62	藏柏	*Cupressus torulosa*
31	令箭荷花	*Nopalxochia ackermannii*	63	铺地龙柏	*Sabina coxii Sabina chinensis cr.Kaizuca Procumbons*
32	仙人掌	*Opuntia dillenii*	64	香附子	*Cyperus rotundus*

序号	名称	拉丁学名	序号	名称	拉丁学名
65	肾蕨	*Nephrolepis cordifolia*	96	卵叶天门冬	*Asparagus asparagoides*
66	碎米杜鹃	*R. speciferum*	97	云南大百合	*Cardiocrinum giganteam*
67	金刚纂	*Euphorbia antiquorum*	98	波叶吊兰	*Chlorophytum nepalense*
68	虎刺梅	*Euphorbia milii*	99	芒兰	*Eucomis comosa*
69	霸王鞭	*Euphorbia royleana*	100	雉鸡尾	*Haworthia fasciata*
70	金钩如意草	*Corydalis taliensis*	101	萱草	*Hemerocallis fulva*
71	荷苞牡丹	*Dicenera spectabilis*	102	矮萱草	*Hemerocallis nana*
72	粗茎龙胆	*Gentiana crassicaulis*	103	玉簪	*Hosta plantaginea*
73	獐牙菜	*Swartia bimaculata*	104	紫萼	*Hosta ventricosa*
74	五叶草	*Geranium nepalense* Sweet.	105	虎眼万年青	*Ornithogalum caudatum*
75	马蹄纹天竺葵	*Pelargonium zonale* Ait	106	滇黄精	*Polygonatum kingianum*
76	长尖芒毛苣苔	*Aescbynanthus acuminatissimus*	107	点花黄精	*Polygotum punctatum*
77	荷花藤	*Aescbynanthus bracteatus*	108	白玉兰	*Magnolia denudata*
78	黄杨叶芒毛苣苔	*Aeschynanthus buxifolius*	109	云南含笑	*Michelia yunnanensis*
79	石胆草	*Corallodiscus flabellatus*	110	展毛野牡丹	*Melastoma normale*
80	蒙自吊石苣苔	*Lysionotus carnosus*	111	多花野牡丹	*Melastoma polyanthum*
81	宽叶吊石苣	*Lysionotus pauciflorus*	112	尖子木	*Oxyspora paniculata*
82	红　木	*Loropetalum chinense* var. rubrum	113	盐肤木	*Rhus chinensis*
83	栽秧花	*Hypericum ocmocephalum*	114	山乌龟	*Stephania epigaea*
84	绒叶仙茅	*Curculigo crassifolia*	115	地石榴	*Ficus tikoua*
85	中华仙茅	*Curculigo sinensis*	116	地涌金莲	*Musella lasiocarpa*
86	德国鸢尾	*Iris germanica*	117	矮杨梅	*Myrica nana*
87	扁竹兰	*Iris confuea*	118	虎头兰	*Cymbidium hookerianum*
88	尼泊尔鸢尾	*Iris decora*	119	紫萁	*Osmunda Japonica*
89	矮紫苞鸢尾	*Iris ruthenica*	120	红花酢浆草	*Oxalis corymbosa*
90	中甸鸢尾	*Iris subdichotoma*	121	金雀花	*Caragana sinica*
91	川滇香薷	*Elsholrzia souliei*	122	小雀花	*Compytropis polyantha*
92	云南鼠尾	*Salvia yunnanensis*	123	羽扇豆	*Lupinus russell*
93	滇黄芩	*Scutellaria amoena*	124	长春油麻藤	*Mucuna sempervirens*
94	立木芦荟	*Aloe arborescens*	125	丽江冷杉	*Abies forrestii*
95	芦荟	*Aloe vera*	126	丽江云杉	*Picea likiangensis*

序号	名称	拉丁学名	序号	名称	拉丁学名
127	云杉	*Picea likiangensis*	152	蛇梅	*Duchesnea indica*
128	竹节蓼	*Homalocladium platycladum*	153	黄毛草莓	*Fragaria nilgrrensis*
129	中华山蓼	*Oxyria sinensis*	154	东方草莓	*Fragaria orientalis*
130	头花蓼	*Polygonum capitatum*	155	狭叶火棘	*Pyracantha angustifolia*
131	火炭母草	*Polygonum chiensis*	156	火棘	*Pyracantha fortuneana*
132	草血竭	*Polygonum paleaceum*	157	野蔷薇	*Rosa multiflora*
133	戟叶酸模	*Rumex hastatus*	158	松下梅	*Rubus hypopitys*
134	叶头过路黄	*Lysimachia phyllocephala*	159	地榆	*Sanguisorba officinalis*
135	丽江乌头	*Aconitum forrestii*	160	麻叶绣球	*Spiraea cantoniensis*
136	黄草乌	*Aconitum vilnaorinianum*	161	金边白马骨	*Serissa foetida*
137	野棉花	*Anemone vilifolia*	162	武竹	*Asparagus myriocladuo*
138	升麻	*Cimicifuga foetida*	163	松风草	*Boenninghausenia*
139	角萼翠雀花	*Delphinium ceratophorum*	164	九里香	*Murraya paniculata*
140	芍药	*Paeonia lactiflora*	165	竹叶椒	*Zanthoxylum armatum*
141	黄牡丹	*Paeonia lutea*	166	异叶花椒	*Zanthoxylum ovalifolium*
142	牡丹	*Paeonia suffruticosa*	167	三白草	*Saururus chiensis*
143	扁翅唐松草	*Thalictrum delavayi*	168	岩白菜	*Bergenia purpurascens*
144	云南金莲花	*Thalictrum yunnanensis*	169	红毛虎耳草	*Saxifraga rufescens*
145	川滇鼠李	*Rhamnus gilgiana*	170	紫萼蝴蝶草	*Torenia flava*
146	匍匐荀子	*Cotoneaster adpressus*	171	翠云草	*Selaginella ancineta*
147	云南荀子	*Cotoneaster franchetii*	172	冬珊瑚	*Solanum pseudocapsicum*
148	平枝荀子	*Cotoneaster horizontalis*	173	旱金莲	*Tropoeolum majus*
149	小叶荀子	*Cotoneaster microphyllus*	174	五色梅	*Lantana camara*
150	柳叶荀子	*Cotoneaster salicifolius*	175	紫花地丁	*Viola labridorica*
151	铺地蜈蚣	*Cotoneaster horizontalis*			

第五节　城市单位植物绿地规划

一、疗养场所绿地

医院绿化的目的是卫生防护隔离、阻滞烟尘、减弱噪声，创造一个幽静的绿化环境，以利人们防病治病，尽快恢复身体健康。绿地要求开敞通风，建筑前后绿地不要影响室内采光和通风。植物选择以常绿树为主，选择无飞絮、飘毛、浆果的植物，也可选择一些具有消毒、杀菌及药用的、少病虫害的种类，并考虑夏季防日晒和冬季防寒风。在景观方面应多选择色彩艳丽的开花树种，创造景色宜人、使人心情愉快的健康环境。疗养场所绿地率发展指标为60%，控制指标45%。

二、科研单位与学校绿地

科研区周围绿地是为工作人员提供教学、科研实验和学习的良好环境，以视觉美为主，兼顾提供适当的活动空间，因此绿地布局要注意其平面图案构成和线型设计。利用丰富多彩的植物和园林小品营造安静优美的空间。同时绿地也要与建筑主体相协调，并对建筑起到美化、烘托的作用。科研机构的主入口前绿地应突出机构特色，力求创造生机活泼、蓬勃向上的形象，尽量运用色彩明快的植物景观。

三、体育娱乐场所绿地

充分体现运动的场所属性，运用造型简洁顺畅、线条活动明快、色彩艳丽大方的手法，以植物或园林小品有节奏、有秩序地陈列景致，使人在此产生运动的激情，并有明显的场所感悟。

四、商业金融场所绿地

充分考虑其能流、物流集中地带的绿化和绿地的集散作用、生态效应以及休息使用的功能，绿地以硬质铺装为主，形式、色彩应大胆夸张，体现商贸中心经济、文化集中，多元而繁华的特点。在植物配置上以简洁明快为主，考虑到改善生态环境，在内外庭结合休息设施，以林荫广场形式适当种植一些乔木，形成开合得当、兼收并蓄的多元化绿地景观。

五、行政办公场所绿地

考虑场所性质：安静、严肃而不压抑，因此在景观设计时要充分考虑这些特征，宜选用色彩淡雅、庄重的植物，营造轻松而不浮躁的景观。场地分割上考虑一些休闲空间，可以使人们在工作紧张之余特别是午餐过后，休闲放松。

六、工矿企业绿地

1．注意问题

（1）庭院厂区绿化在规划树种、选择绿化方式和生长过程中的管理等方面都应该有严格的考虑。

层次结构上可考虑以下的比例：9m高以上的树木占32.2%，3.6～9m高的树木占29.1%，最少的是小于3m的树木，占19.2%，这种相互错开的结构对树木的生长比较有利。

功能和艺术上主要考虑色彩、形体、季相、质感、声效等的变化与要求，运用透景、洞景、框景、借景、抑景、对景等手法做出艺术安排，速生树种与慢生树种相结合，常绿树与落叶树相搭配，为人们创造如诗如画的工作生活环境。

（2）要从如何减少工厂本身对环境的污染和工厂本身对空气的净化的两方面要求进行考虑。在有毒气体排放的车间周围，应多考虑植物吸收有毒气体的功能，进行多层配置，尽量增加叶面积指数，同时也要避免把污染物滞留在车间及四周。在车间附近不应种植过密的树林，而应留出一定的空间以利于粉尘或有毒气体的扩散稀释。在空地段尽可能种植草坪或其他低矮灌木等绿化植物，并在氟化氢气体可能逸散的地段，栽种一些对有毒气体敏感且萌生能力强的植物，如百日菊、四季海棠等监测植物。

（3）厂区与居民区之间防护林带的建设必须安排宽阔的隔离地带和较宽的防护带，树种可选用女贞、紫薇、刺槐、迎春、夹竹桃、臭椿、木槿等，而且林带的走向不应与污染源引出的放射线正交，要尽可能保持一定的角度，以便使污染物遇到林带的阻挡后能够沿林带折向空旷地带，即使部分污浊空气穿过林带，其通过林带的实际距离也较垂直穿过大得多。林带可由8～12行树组成，迎污染源一边的树木必须配置抗污染能力强的树种，处在较密闭的树林内部的植株受危害较轻，可以配置抗污能力稍弱而吸毒能力强的树种。如果没有几条平行林带拦截有毒气体，对距污染源远的林带，可以更多地考虑吸毒能力和经济价值。落叶树与常绿树的比例可参考：落叶树：常绿树=2：8。

2．工厂绿地常用树种规划

（1）工厂绿地常用树种选择的基本原则

工厂的类型很多，有重工业、轻工业、纺织工业、石油工业、化学工业、精密仪表工业等，即使同一类型的工厂，其规模大小、产品品种、排放物对环境的影响以及某些工业对环境质量的要求等都有很大的差异，因此，如何结合具体情况选择绿化的植物，是企业绿化成败的关键。

①适地适树

植物因原产地、生长习性不同，对气候条件、土壤、光照、湿度等都有一定范围的适应性。在工业环境下，特别是一些污染性大的工业企业，选择最佳适应范围的植物，就能发挥植物对不利条件的抵御能力，其抗性及耐性就强，反之就弱。在同一工厂内，也会有土壤、水质、空气、光照的差异，在选择树种时也要分别处理，因此，要在适地适树的前提下选择树木花草，这样才能保证成活率，生长强壮，最终达到良好的绿化效果。

②选择防污植物

这是工业企业绿化中特别要注意的。生产过程中排出的有害气体、废水、废渣，使空气污染，土壤毒化，直接影响植物生长。而植物的受害程度又随污染物的种类、浓度等而有所差异。有的植物能抗多种有害气体，如构树、大叶黄杨对二氧化硫、氟化氢、氯气有强的抗性；有的只抗某种气体，而对另一种气体很敏感，易受害；有的植物抗性强，而且有很强的吸收能力，在体内积累，如构树、臭椿等能积累5000～10 000ppm的氯而不受害。通常使植物长时间在有害气体浓度高的环境中基本上不受害的称抗性强；当植株受害率不超过25%，有害气体消失后不能恢复正常的称抗性较强；叶片及植株受害率在40%左右称抗性中等；受害率在60%左右的称抗性弱。为了达到良好的绿化美化效果，在调查的基础上选择好防污植物。

③生产工艺过程的要求

要根据不同工厂、不同车间生产工艺过程来选择植物，有污染的工厂、车间要选择相应的防污绿化植物。有些生产工艺过程对环境条件有特殊的要求的，如精密仪器厂、电子仪表厂、电视机厂等，要求车间周围空气洁净，尘埃少，以保证质量，就要选择滞尘能力强的树种，如榆、刺楸等，而不能栽植杨、柳、悬铃木等有飞絮飞毛的树种。对有防火要求的，如仓库、堆场等，可选择含树脂少，树叶含水分多，萌蘖再生能力强，着火时不会产生焰火的防火树种，如珊瑚树、蚊母、银杏等。

④容易繁殖，便于管理

工厂绿化管理人员有限，宜选择容易繁殖、栽培和管理的植物，以省工节资，又能更好地发挥保护环境的作用。种植花卉一般说来比较费工，但为了丰富色彩、美化工厂，也可以选择一些自播繁衍能力强的花卉，如波斯菊、紫茉莉、牵牛、银边翠等一、二年生花卉以及美人蕉、马蔺、玉簪、葱兰、石蒜等宿根花卉，生长健壮、管理省工、繁殖容易、种苗易得，一次栽种多年开花，效果很好。

（2）工矿企业绿地中常用的防护植物

抗性强的防污绿化植物：女贞、垂柳、刺槐、紫薇、迎春、夹竹桃、棕榈、臭椿、木槿等。

抗性中等的防污绿化植物：银桦、赤桉、蓝桉、大叶桉、滇柏、滇杨、悬铃木等。

滞尘力强的树种：刺柏、龙柏、刺楸、刺槐、蜡梅、构树、朴树、悬铃木、泡桐、榉树、广玉兰、梧桐等。

防火树种：山茶、海桐、冬青、八角金盘、女贞、杨梅、厚皮香、珊瑚树、枸骨、罗汉松、银杏、麻栎、栓皮栎、榉树等。

抗SO_2的花卉：美人蕉、紫茉莉、九里香、唐菖蒲、郁金香、菊花、玉簪、雏菊、三色堇、金盏、金鱼草、蜀葵等。

抗HF的花卉：金鱼草、菊、百日草、美人蕉、紫罗兰、葱兰、萱草、一串红等。

抗CL_2的花卉：大丽菊、蜀葵、百日草、千日红、醉蝶花、紫茉莉等。

案例　某磷矿厂植物景观设计，见图10-96～图10-104和表10-20～表10-22。

图10-96　办公区以花卉和剪型灌木为主

图10-97　办公区小游园采用乔灌木营造幽静的空间

图10-98　工厂区以整齐的行道树和花带、灌木创造统一的工作环境

图10-99　高温工作区采用防火革质植物可以大大降低周围的温度

图10-100　厂区开敞空间采用色叶地被和灌木创造图案式园林空间

图10-101　周围高地作为防护林和风景林来设计，采用乔灌草创造疏林草地多层次绿色空间

图10-102　厂区外围通过乔灌草创造隔离带

图10-103　铁路运输线两侧采用柏类植物吸收灰尘

图10-104　铁路河道两旁通过湿地植物自然过渡

河流景观林

原有河流由北向南穿越厂区，并
与铁路相呼应。从水源浇灌植被
及保护水体的角度出发，沿河道
两边设计成滨水景观林带，营造
层次丰富的植物景观。并也能为
人群提供一定的休息绿野。

工厂围墙有限定工厂区域的作用，其绿化设计应充分注意防卫、防火、防风、防污染和减少噪声，还要注意遮隐建筑不足之处，与周围景观相调和。绿化树种通常沿墙内外布置，以常绿树为主，落叶树为铺，靠近墙栽植乔木，远离墙的一边栽植灌木花卉。

铁路两旁的绿化主要功能是为了减弱噪声，加固路基，安全防护，所以在其旁种植灌木要远离铁轨6m以外，种植乔木要远离8m以外。

生产区是工人工作和生产的地方，其周围的绿化对净化空气，消声调剂工人精神均有很重要的作用。同时厂房周围尤其要选择抗性强的植物，而对于污染大的车间，则不宜在其四周密植成片的树林，多种低矮的花卉或草坪，以利于通风，稀释有害气体，减少污染。

表10-20　　　厂区外围防护植物名录表

序号	名称	科属	适应性	形态	备注
1	香樟	樟科	抗NH_3强、抗烟尘	常绿乔木	观叶
2	大叶女贞	木犀科	抗SO_2强	常绿乔木	观叶
3	云南樟	樟科	抗NH_3强、抗烟尘	常绿乔木	观叶
4	广玉兰	木兰科	抗SO_2强、抗NH_3强、抗烟尘、滞尘强	常绿乔木	观叶、观花
5	滇杨	杨柳科	滞尘强	落叶乔木	秋色叶树、观叶
6	杜英	杜英科	易成活、易管理	常绿乔木	观叶
7	银杏	银杏科	抗SO_2强、抗NH_3强、抗烟尘	落叶乔木	秋色叶树、观叶
8	凌霄	紫薇科	易成活、易管理	藤本	观花
9	叶子花	紫茉莉科	易成活、易管理	常绿藤本	观花
10	蔓长春	夹竹桃科	易成活、易管理	常绿藤本	观花、观叶
11	爬山虎	五加科	易成活、易管理	藤本	观叶
12	油麻藤	豆科	易成活、易管理	常绿藤本	观花、观叶
13	多花蔷薇	蔷薇科	易成活、易管理	常绿藤本	观花
14	木香	蔷薇科	易成活、易管理	常绿藤本	观花
15	麦冬	百合科	易成活、易管理	草本	观花
16	红花醉浆草	酢浆草科	易成活、易管理	草本	观花
17	白三叶	酢浆草科	易成活、易管理	草本	观花
18	韭兰	百合科	易成活、易管理	草本	观花
19	葱兰	百合科	易成活、易管理	草本	观花

表10-21　　　铁路防护植物名录表

序号	名称	科属	适应性	形态	备注
1	塔柏	柏科	滞尘强	常绿乔木	观叶
2	乐昌含笑	木兰科	抗SO_2较强、滞尘强	常绿乔木	观叶
3	大叶女贞	木犀科	抗SO_2强、滞尘强	常绿乔木	观叶
4	大叶樟	樟科	抗MH_3强、抗烟尘	常绿乔木	观叶
5	雪松	松科	抗SO_2强	常绿乔木	观叶
6	滇杨	杨柳科	滞尘强	落叶乔木	秋色叶树、观叶
7	云南含笑	木兰科	抗SO_2较强、滞尘强	常绿灌木	观花
8	夹竹桃	夹竹桃科	抗SO_2强、抗烟尘、滞尘强	常绿灌木	观花
9	海藻	棕榈科	抗SO_2强、滞尘强	常绿灌木	观叶
10	大叶黄杨	卫矛科	抗SO_2强、抗烟尘、滞尘强	常绿灌木	观叶
11	火把果	蔷薇科	易成活、易管理	灌木	观叶、观花
12	毛叶丁香	木犀科	滞尘强、易成活、易管理	常绿灌木	观叶、观花
13	侧柏	柏科	抗SO_2强	常绿灌木	观叶
14	迎春	木犀科	易成活、易管理	灌木	观花
15	麦冬	百合科	易成活、易管理	常绿草本	观叶、观花
16	油麻藤	含羞草科	易成活、易管理	常绿藤本	观花
17	爬山虎	五加科	易成活、易管理	藤本	观叶
18	白三叶	酢浆草科	易成活、易管理	草本	观叶、观花
19	紫花苜蓿	豆科	易成活、易管理	草本	观叶、观花

表10-22 生产区植物名录表

序号	植物名称	科属	适应性	形态	备注
1	刺槐	含羞草科	抗SO_2强、抗烟尘、滞尘强	落叶乔木	秋色叶树、观叶、香花
2	杜英	杜英科	滞尘强	常绿乔木	观叶
3	香樟	樟科	抗NH_3强、抗烟尘、滞尘强	常绿乔木	观叶
4	大叶女贞	木樨科	抗SO_2强、滞尘强	常绿乔木	观叶
5	大叶樟	樟科	抗NH_3强、抗烟尘、滞尘强	常绿乔木	观叶
6	圣诞树	豆科	易成活、易管理	常绿乔木	观叶
7	雪松	松科	易成活、易管理	常绿乔木	观叶
8	乐昌含笑	木兰科	抗SO_2较强	常绿乔木	观叶、观花
9	华山松	松科	抗SO_2较强	常绿乔木	观叶
10	石楠	蔷薇科	抗NH_3强	常绿乔木	观叶
11	云南含笑	木兰科	抗SO_2较强、滞尘强	常绿灌木	观花
12	海桐	海桐科	抗SO_2强、滞尘强	常绿灌木	观花
13	夹竹桃	夹竹桃科	抗SO_2强、抗烟尘、滞尘强	常绿灌木	观花
14	火把果	蔷薇科	易成活、易管理	灌木	观花
15	金叶女贞	木樨科	滞尘强	常绿灌木	观叶
16	毛叶丁香球	木樨科	抗SO_2较强	常绿灌木	观花

参考书目

[1] 理查德・L. 奥斯汀. 植物景观设计元素. 北京：中国建筑工业出版社，2005.

[2] 庄莉彬. 园林植物造型技艺. 福建：福建科学技术出版社，2004.

[3] 李文敏. 园林植物与应用. 北京：中国建筑工业出版社，2006.

[4] 吴涤新. 园林植物景观. 北京：中国建筑工业出版社，2004.

[5] 朱钧珍. 中国园林植物景观艺术. 北京：中国建筑工业出版社，2003.

[6] 中国勘察设计协会园林设计分会. 风景园林设计资料集——园林植物种植设计. 北京：中国建筑工业出版社，2003.

[7] 俞仲辂. 新优园林植物选编. 杭州：浙江科学技术出版社，2005.

[8] 蔡如. 植物景观设计/现代造园丛书. 云南科学技术出版社，2005.

[9] 陈少亭. 植物景观艺术设计（环境艺术设计专业适用）. 北京：中国建筑工业出版社，2005.

[10] 周武忠，徐德嘉. 植物景观意匠. 东南大学出版社，2002.

[11] 何平，彭重华. 城市绿地植物配置及其造景. 北京：中国林业出版社，2001.

[12] 刘建秀. 草坪・地被・观赏草. 东南大学出版社，2001.

[13] 兰茜丁・奥德诺. 观赏草及其景观配置. 刘建秀译. 北京：中国林业出版社，2004.

[14] 苏雪痕. 植物造景. 北京：中国林业出版社，1994.

[15] 卢圣，侯芳梅. 植物造景. 北京：气象出版社，2004.

[16] 高桥一郎，三桥一夫. 花园别墅造园实例图册4 树木・草坪・花卉. 北京：中国建筑出版社，2002.

[17] 朱仁元，金涛. 城市道路・广场植物造景. 辽宁科学出版社，2003.

[18] 陈月华，王晓红. 植物景观设计. 国防科技大学出版社，2005.

[19] 温扬真. 园林植物布置. 广西科学技术出版社，2000.

[20] 蔡如，韦松林. 植物景观设计. 云南科技出版社，2005.

[21] 周厚高. 地被植物景观. 贵州科技出版社，2006.

[22] 李尚志，钱萍等. 现代水生花卉. 广东科技出版社，2003.

[23] 喻勋林，曹铁如. 水生观赏植物. 北京：中国建筑工业出版社，2005.

[24] Brian Clouston. 风景园林植物配置. 陈自新，徐慈安译. 北京：中国建筑工业出版社，1992.

致　谢

　　本书的编写过程中得到领导、许多同事、朋友和学生的帮助，在此感谢这些无私给予帮助的朋友们！

　　感谢西南林学院樊国盛教授，在百忙之中帮助修改文稿。

　　感谢西南林学院张云老师、刘扬老师、研究生张艳，在本书的实例部分提供了大量的素材和文字风格建议。

　　感谢西南林学院环境艺术05级学生马晶晶、赵克敏、冯凌为文章提供了手绘图稿，庄德兵、吴志刚、聂道坚、龙鹤文、曹波、游坚、沈志琪、宋益昊、罗伟平、张超、钟成林等为文章编排校订，周志文为文章提供了部分照片素材。感谢研究生谭玉丹、周媛为文中植物名录资料及图例资料进行整理。

作者简介

刘荣凤

2000年毕业于中南林学院，获风景园林规划学士学位。

2003年毕业于东北林业大学，获园林硕士学位。

2003年至今，任教于西南林学院园林学院，从事绿地系统规划研究和园林规划设计、小城镇规划、旅游规划的研究与教学。

主持过凤庆绿地系统规划、贵阳金碧湾广场园林规划与设计、安宁中华路延长线绿地景观规划与设计、昆明青青小镇景观规划与设计、昆明市西山区邻街拆危景观规划系列项目、昆明市西山区绿化盲区零申报调查与规划设计等项目，作为主要设计者参与过安宁绿地系统规划、哈尔滨国际会展中心景观工程、齐齐哈尔西泊公园主景区景观规划工程、齐齐哈尔卜奎公园景观规划工程等20多个项目。